赢在思维

二十六种思维，决定你的未来

化保力◎著

地震出版社
Seismological Press

图书在版编目（CIP）数据

赢在思维：二十六种思维，决定你的未来 / 化保力
著．— 北京：地震出版社，2022.11
ISBN 978-7-5028-5470-6

Ⅰ．①赢…　Ⅱ．①化…　Ⅲ．①思维方法－通俗读物
Ⅳ．① B80-49
中国版本图书馆 CIP 数据核字 (2022) 第 127156 号

地震版　XM5235/B（6287）

赢在思维：二十六种思维，决定你的未来

化保力　著
责任编辑：王亚明
责任校对：鄂真妮

出版发行　**地震出版社**
　　　　　北京市海淀区民族大学南路 9 号　　邮编：100081
　　　　　销售中心：68423031 68467991　　传真：68467991
　　　　　总编办：68462709 68423029
　　　　　编辑四部：68467963
　　　　　E-mail：seis@mailbox.rol.cn.net
　　　　　http://seismologicalpress.com

经销：全国各地新华书店
印刷：三河市九洲财鑫印刷有限公司

版（印）次：2022 年 11 月第一版　　2022 年 11 月第一次印刷
开本：710×1000　　1/16
字数：215 千字
印张：14.5
书号：ISBN 978-7-5028-5470-6
定价：68.00 元

有一句话说得非常好："思想有多远，我们就能走多远。"思维的高度往往决定了经营的高度，思维的不同也直接影响到经营的胜败。能够赢到最后的人，往往不是赢在了能力更强，而是赢在了思维正确。能力的强弱并不是影响成败的根本因素，因为能力是可以转变的，弱可以变强，强也可能变弱，正如行军打仗，面对强大的敌人时也并不一定会失败，而思维的转变却是一个漫长的过程。思维的优势是一种看不见摸不着的优势，却能从根本上左右胜败。

当你觉得一件事不应该做的时候，你就很大概率不会去做，即便别人要求你去做，你也不会轻易去做；而当你觉得一件事应该做的时候，即便所有人都说不要做，你可能也会千方百计地去做。这不在于事情本身的难易，而是在于思维——你对这件事的一个判断。

当优秀的人看到成功的希望时，即便别人认为这件事不会成功，别人都不愿意去做，他也可能独自前行，最终取得成功。而当优秀的人在胜利之中看到了败势，即便所有人都趋之若鹜，去争抢，他也可能急流勇退，及时抽身。

思维让我们做出判断，也决定着我们的行为，而最终行为产生了输赢的结果。行为只是表象，思维才是真正的动因。我们如果只盯着行为，就会被行为迷惑，只有抓住思维，才能真正掌握赢的密码。行为是不可复制的，因为它会随着实际情况改变，千变万化，而思维是可以复制的，它才是万变不离其宗的那个根本。

如果你有正确的思维，你的观点会与众不同。你将会在不可能中看到可能，会在众人迷惑时保持清醒，你会比别人看得更长远，你的决策会更出人意料却又无比正确。想要赢，赢在努力只是下乘，因为几乎所有人都在努力，努力是很难抢占先机的，而赢在思维则是上乘，因为别人都不知道你居然会这样赢。当你的思维正确时，你的竞争者会很少，别人都没看到胜利的希望时，你却看到了，于是赢得非常稳。

现在芯片在智能科技领域具有非常重要的地位，而光刻机技术是制造芯片的关键，世界的光刻机技术主要由一家企业掌握，而这家企业一开始在研发光刻机时是无人看好的，所以这家企业也几乎没有竞争者。而现在，它就是整个行业的龙头老大，没人能够和它竞争。这就是赢在了思维，超前的思维使得它没有竞争者。

华为是一家非常了不起的企业，在很多领域都堪称卓越。华为能够有今天，和任正非的正确领导有非常大的关系。任正非的思维总是与众不同，这也是他带领华为走向胜利的关键。一般企业都是领导来做决策，而任正非则让一线人员来做决策，用他的话说，就是"让听得见炮声的人做决策"，这使得华为的决策正确率显著提升。华为在科研方面投入了巨额的人力和财力，有时候科研并不成功，换作别人可能会感到不值，而任正非却认为这并不是失败，因为在科研的过程中，所有人的经验都增加了，即便最终没有成功，依旧有很重要的意义。

董明珠在管理方面非常出色，她的很多思维也是与众不同的。有不少人认为企业家应该管的是大事，小事不用在意，而董明珠却认为，企业家做的就是小事，把每一件小事都处理好，就不会有大事出现。正是因为注意细节，把所有的小事都做好，所以她才能把格力管理得井井有条。

雷军带领小米公司一路披荆斩棘，迅速成为手机行业的重量级品牌，也是赢在了思维。小米一开始就是一家互联网公司，有互联网思维，抓住了粉丝，因此能够迅速占领市场、赢得口碑，获得巨大的成功。

　　有什么样的思维就会做什么样的事，最后得到相应的结果。那些取得成功的人，他们的思维往往与众不同，这才是他们成功的关键。努力是要选对方向才能奏效的，而思维正是指导方向的，它才是"赢"的法宝。

　　思维是赢的关键，赢在思维才能够抢占先机。我们想要成功，首先不要去闷头努力，而是要有正确的思维。本书的主要目的是教大家学会正确的思维方式，让二十六种思维重塑你的思维体系，最终赢在思维。本书内容包括认知篇、管理篇、经营篇、互联网篇四个部分，讲解全面、系统、细致，既有理论内容，又有丰富的案例，紧密结合当前的时代发展，让人一看就能明白，一学就能学会。

　　相信看过本书之后，读者将会在思维层面产生很大的变化，逐渐掌握"赢"的密码，赢在思维，赢得美好的事业和人生。

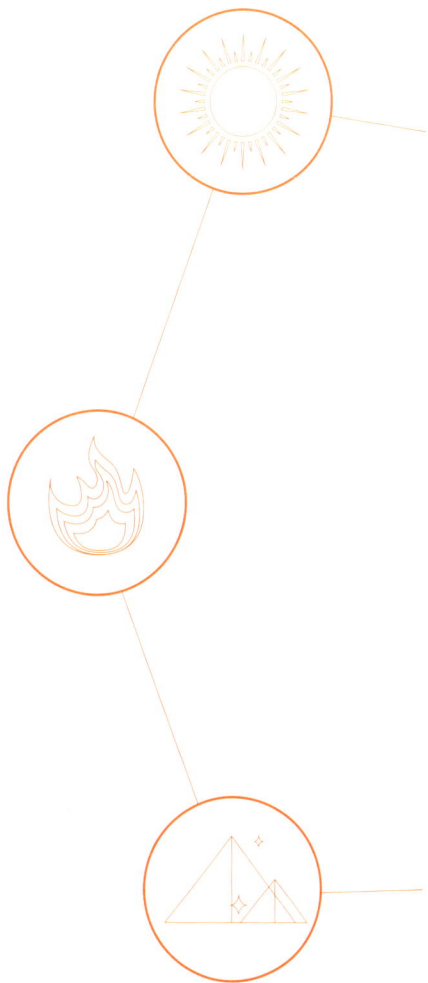

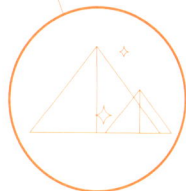

经营篇

5

第二十六章　趋势思维：再牛的团队也干不过趋势

6

认知篇

第一章

认知思维：你赚的所有钱，
　　　　　是你认知的体现

你是否有过这样的疑惑：是什么决定了我们赚钱的多寡？我认为答案只有一个，那就是认知。

　　为什么我把认知看得这么重要？因为你去问那些成功的企业家，几乎都能从他们口中得到这样的共识："看到别人看不到的才能领先于别人。"例如，娃哈哈之父宗庆后因为看到了"儿童营养液"的无限潜力，并因此大力发展儿童饮料，才最终创造了今天的巨大成就；马化腾看到了互联网在国内的巨大潜力，才成就了今天的腾讯；王兴也是因为看到了互联网外卖团购的潜力，才有了现在的地位。其实和他们有过类似经历的人很多，可为什么单单他们取得了成功呢？不是因为他们运气好，而是因为他们的认知领先了别人一步，他们相信自己看到了这个领域未来的趋势，并且努力地去把握它，而其他人却因为认知没到，忽略了。

　　因此，认知思维非常重要。可以毫不犹豫地说，无论你做什么，你赚到的所有钱都是你认知的体现；你永远赚不到超出你认知范围的钱。

最可怕的不是做错，是认知出错

认知决定财富，更进一步来说，认知决定人与人之间的区别。在你的人生旅途、生活事业中，其实最可怕的并不是你做错了什么，而是你的认知够不够，认知有没有缺陷，你可以品味一下那些具有更高层次认知的企业家的故事。

> 在服装销售领域，大多数人的认知都是去售卖爆款服装，什么样的服装好卖就卖什么，那些积压在仓库中的库存货很多人都不会上心。
>
> 但是，有一个叫王敏的人却打起了这些库存货的主意。有一次，他听到一位教授说："即使全中国的服装工厂都停工，剩下的衣服也足以支撑全体国人穿三年。"
>
> 说者无意，听者有心。2017年5月，技术出身的王敏借助互联网购物手段的丰富，亲自带队做开发，4个月之后正式上线了自己的爱库存APP。爱库存搭建了一个平台，帮助库存服装找到足够多的职业代购，然后将这些库存服装触达终端消费者。
>
> 几近空白的市场，创新型的商业模式，让王敏的爱库存APP刚一上线就大获成功，仅用一年就获得了近15亿元的融资。销售额也从当初的单月60万元狂奔到之后的单月近6亿元。

这就是认知的体现，你认为没什么用的东西，在别人眼里可能成为宝贝。认知能力强的人能看到别人看不到的东西，也能更清楚地看到事物的本质，他们具有超强的洞察力，知道未来的趋势，知道自己商业模式的优劣，知道自己该做什么、不该做什么。

简单点来说，认知就是一个人通过自己的经历或学识表现出来的对看到的事情、接收到的信息的看法。认知能力范围很广，我们熟知的观察力、记忆力、想象力、洞察力，都属于认知能力的范畴。而认知思维，就是通过我们的认知建立起来的一种思维能力。

具有高认知力的人，根本不怕绝境，不怕失败，不怕困难险阻。

洛克菲勒曾经说过："即使把我的衣服脱光，再放到杳无人烟的沙漠中，只要有一个商队经过，我又会成为百万富翁。"洛克菲勒之所以敢这样说，是因为他对商业有着远超时代的认知。

脑白金创始人史玉柱最惨的时候，不仅一无所有，还欠了一屁股债。但他却靠着脑白金，很快又重整旗鼓了。他凭什么能东山再起？就凭他对营销的认知比别人领先了一个时代。

洛克菲勒和史玉柱，他们真正拥有的绝对不是资源，而是认知。

在电影《1942》中，由张国立饰演的一名地主在逃亡路上说过这么一句话："我知道咋从一个穷人变成一个财主，只要活着走到陕西，不出十年，你大爷我还是东家，那时候咱再回来……"

现实也是这样，我们很多人的起点几乎都是一致的，但最终过上的生活却千差万别。认知思维不同，结果也不同。

未来是"认知"的未来

时代是不断进步的。毫无疑问，科技越进步，认知就越需要加强，因为在高科技时代，信息的流动性更好，而好的信息肯定会被高认知水平的人掌控。每个人看世界时，其实都戴了一副"认知"的眼镜，这个世界的色调都是由你的"认知"决定的。认知水平高的人，就好像站在 100 楼看外面，看到的是全局，看到的是城市的气魄；认知水平低的人，则好像站在 1 楼看外面，看到的是自己附近的那点东西，是市井吵架或是违章停车。

现在，我们时常谈论"风口"，可是又有多少人能抓住"风口"呢？大众的认知思维有时是盲目的，例如看到比特币爆火以后，才一窝蜂地拥入比特币市场，结果恐怕是高位接手，输得一塌糊涂。具有高认知水平的人则不然，他们会在新事物出现之初，就精准地判断出它后市的价值，从而可以选择在早期买入。

他们因为拥有区别于大众的认知思维，从而总能先人一步。

> 当云计算刚刚兴起，还没有被广泛使用时，知名电脑软件公司 Adobe 的 CEO 山塔努·纳拉延就敏锐地捕捉到了云计算给软件市场带来的变化：人们或许不必再投资购买昂贵的软件产品，而只需按实际用量付费就可以了。
>
> 如果真是这样，那么 Adobe 原有的出售软件版权、用户下载的业务模式就不再适用。于是山塔努·纳拉延开始思考怎么转型才能让公司在预见的趋势中占得一席之地。
>
> 转型无疑是巨大的挑战，会带来很多棘手的问题。例如资源的分配，公司不能再保持原有的软件开发模式，而是要大力开发云技术；还有就是公司业绩的问题，公司要大力投资新业务，短期内业绩肯定会下滑。

虽然面临诸多挑战，但山塔努·纳拉延仍旧决定现在就抢占先机，拥抱"云"。山塔努·纳拉延明白，事不宜迟，如果等到市场大热、形势明朗再采取行动，则为时已晚。于是，Adobe 很快推出了基于云计算的相关产品，结果市场反响非常好，而且因为出手比别的公司都快，Adobe 很快就在市场中站稳了脚跟，筑好了护城河，其他公司再想进入就很难了。

现在我们还常说一句话，叫"未来已来"，但我们要明白的是：未来已来，我们应该面对什么？未来已来，很多东西都在悄然发生着改变，我们必须认识到要如何布局、应该舍弃什么、该聚焦在哪些地方。

其实，很多时候，我们被淘汰，不是因为技术，不是因为外部环境，而是因为我们的思维出现了偏差。一个人最可怕的不是偶然做错了，而是认知错了，偶然做错了很容易回调，但如果认知错了，就很可能会被带到一条绝路上。

如果我们还是被传统的认知束缚，没有抢先做决定的理性和魄力，我们就不太可能拥抱未来。人这一生，都在为自己的认知买单。

所以，未来是"认知"的未来，而且在科技愈发发达的同时，认知将显得愈发重要。这个时代的信息越来越繁杂，如果认知水平不够，我们是无法与这个世界友好相处的。这个时代，认知是人与人之间最大的壁垒。

一个人的能量来自提高自己的认知水平

我觉得，一个人的认知水平高低可以用四个层面来评判，即"不知道自己不知道""知道自己不知道""知道自己知道""不知道自己知道"，其中，处于"不知道自己不知道"的人最多，而处于最高级状态的"不知道自己知道"的人最少。

由此可见高认知思维的人有多少，这也正是社会上平庸者那么多，而成功者那么少的原因之一。大多数人都太过于自信了，总认为自己做的事是对的，结果却又总是打脸，认知不足终会害了自己。

所以我说，一个人的认知水平处在什么层级，他的人生就处在什么状态；一个人的能量来自哪里？来自提高自己的认知水平。那么，要怎样提高自己的认知水平呢？

首先，你必须要有足够的知识储备。对你所处领域相关的东西，你都应该努力学习，一方面可以通过广泛地阅读和培训，另一方面可以向行业大佬请教。只有具有足够丰富和专业的知识储备，才有可能从众多的信息中触发"认知"；只有涉猎更多的知识，才能建立自己的思维梯度。试想，一个根本没有电商经验的人，是肯定不会在新零售领域产生什么认知的。

其次，要聚焦你关注的行业和领域。现在，人们获得信息的渠道已经极为丰富，每天我们都能获得林林总总的信息，必然会触发我们的一些思考，激发出一些灵感。提升认知水平的前提是收集信息，而我们收集信息不是为了看热闹，而一定是为了看门道，发现一些不同寻常、有别于以往的新事物。这个过程其实并不需要花费我们太多的时间，关键是我们要对关注的行业和领域持续保持高度的注意力。

例如，如果让大家关注周围的人，看看会发现什么，得到的答案一定是多元化的，也没有逻辑可循。但如果指定让大家关注周围在衣着、配饰上选用红色系的人群，那我们就会发现很多之前忽略掉的事情，例如：甲穿了红色的鞋，配了红色的领结，会不会是有什么喜事？乙的红色工牌磨损得比较严重了，应该是一名老员工？

对于商业人士而言，对于趋势的认知，我们则需要重点关注一些特殊的、加速发展的事件和新生事物。特殊事件可以是与经济活动相关联的，也可以是一些政府的政策或社会发展方面的一些新动向。有的趋势可能之前一直发展缓慢，但突然出现了加速发展的情况，也很值得我们关注。另外，我们不可低估那些新生事物的发展势头，要知道，当年诺基亚就是因为对智能手机的出现不够重视，才栽了跟头的。

再次，要主动与别人交流探讨，尤其是那些与你有不同观点的人。在探讨的过程中，虽然大家分析的是同一个事情，但思考的角度却有颇多不同，这对于我们拓宽视野、扩宽思路是极为重要的。还有，你要敢于破除自己已有的信息锚点，对你的判断多怀疑、多突破，才有可能产生确定性的认知。

最后，最关键的一点是，你在生活和事业当中遇到问题时，要懂得马上停止。马上停止后做什么？解决自己认知上的问题。这时候再继续努力是完全错误的，没有解决认知问题的努力是不会有好结果的。所以，坚持不是固执地去做事，而是一个认知不断升级的过程。

当然，认知水平的提升是一个逐步发展的过程，谁也不可能一蹴而就。在练习中，你可以对近期的事情做一些判断，做一些复盘，看看自己的判断是否正确。即便几天后或几周后，你仍没有什么特别的发现，那也不用气馁，只要坚持下来，你就一定会有收获。

第二章

梦想思维：梦想决定胸怀，
胸怀决定未来

一个人要想有好的未来，我认为首先要在心中有一个梦想。梦想，是我们奋斗的方向。一个人所有的动力，都来自他的梦想和目标，没有梦想，任何人都将很难突破自己。

梦想是我们胸怀的基础。俗话说得好："梦想有多大，舞台就有多大。"一个人的梦想越大，他的意念就越强烈，胸怀就会更宽广。

我们一定要有一个远大的梦想，把梦想牢记在心中。在任何时候，遇到任何困难，都要想一想：我有没有放弃我的梦想？我是离我的梦想更远了还是更近了？更近了，就鼓励自己；更远了，就调整方向。不管怎样，我们都要把梦想抓牢，并为之奋斗不息。

没有梦想的人创造不了奇迹

著名企业家孙正义说过这么一句话："人们最初拥有的只是梦想，以及毫无根据的自信，但是所有的一切都从这里开始。"

是的，梦想的力量是你无法想象的。

我们回过头来看孙正义的故事。

> 23岁的时候，孙正义患了肝病，在医院里躺了两年。这两年他读了很多书。
>
> 从这些书中，孙正义认识到新兴行业才是最有发展潜力的行业。因此，出院之后他就以坚定的信念投入到了计算机行业之中。创业之时，他的员工只有两个。
>
> 但就是这么小的规模，在开业的那天，孙正义仍站在水果箱上面豪气干云地对他仅有的两个员工说："各位，我叫孙正义，在25年之后，我将成为全球首富，我公司的营业额将超过100兆日元。"有了这个宏伟的梦想，孙正义后来一点一点地兑现着自己的誓言。

梦想能创造奇迹，这话从来不假。古往今来，能成就一番伟业的人必定都是心怀梦想之人。这是因为梦想会带给人一种神奇的力量，梦想会激发人的顽强意志，梦想更是一种挑战未来的武器，它可以强化一个人的信心，可以激发一个人内心深处的无限潜能。

从另一个方面来说，有梦想的人更懂得把握住机会。我们常说，机会是留给有准备的人的。那么什么样的人会有准备呢？有梦想肯定是条件之一。那些有成就的人都是怀揣梦想的人，而且他们会为了实现梦想时刻做好准备。

可见，梦想是行为的动因。或者说，促使一个人成功的内在驱动因素就是梦想。

对于想创业的人来说，梦想也是第一素质。就像孙正义，他有清晰的梦想，才有足够的动力驱使他成功。通常，创业者的梦想与普通人的梦想有所不同，他们的梦想是宏大的，是远远超出他们的现实条件的，他们需要不断地打破眼前的樊笼，才有可能最终实现梦想。所以我常说，有梦想的拦不住，没梦想的呢，是扶不起的，因为没有梦想，就没有方向。

梦想需要结合自己，结合趋势

梦想是成功的动因，但梦想必须结合实际，不结合实际的梦想都是空想。

生活中我们可以发现，很多人有着"远大"的理想，但努力到最后也没能实现，造成这种情况的原因只有一个，那就是没有结合实际来规划自己的梦想。这就好比开车，本来油箱里的油只够跑 20 千米，在不加油的情况下却总梦想着自己的车要跑 1000 千米，这又如何能够做到呢？

因此，有远大的梦想没有错，但前提是你的梦想要结合自己，结合趋势。

我认识的一个人，他的梦想就很实际。他小的时候家里穷，他的梦想就是摆脱贫困。后来他接触了培训行业，就梦想着做一个受人尊敬的培训老师。这个梦想从设立之初，他就知道是可以通过奋斗来实现的。

在努力的过程中，他把实现梦想的路径都想好了。他可以通过学习进入培训行业，在企业里积累经验，然后自己创立企业。虽然他的起点很低，但他知道他的梦想是看得见摸得着的，是可以通过奋斗一步步成为现实的，它不是海市蜃楼。

因此，他看了很多书籍，然后加入了深圳的培训行业。因为没有经验，他甚至愿意从扫厕所的岗位做起，慢慢接触着培训行业的各色人等，并向有经验的前辈学习。

当然，他的努力没有白费，他后来真的成了这家培训企业的王牌讲师。几年以后，他又成立了自己的企业，实现了财务自由。

梦想切合实际很重要，切合实际，才能为行动创造理由，才有实现的可能。可能有的人会说，那孙正义创立一个小企业时就提出要做世界首富的梦想切合实际吗？我想告诉你们的是，切合实际。因为孙正义的梦想并不是空想，他对自己的经商能力有着充分的自信，并且有着非常充分的评估，这从他后来在商业中的表现就能看出来。如果换作王正义、马正义，提出这样的梦想我就可能只会将它看成一番空想。

所以梦想很重要，但在设定梦想时，我们必须注意，不要让你的梦想超出你的能力。你必须准确地评估自己，评估趋势。

> 途牛网的于敦德的梦想是创立一家知名的旅游网站。他为什么能实现梦想呢？他的这个梦想就是基于对自己和趋势的仔细评估得出来的。首先，他自己酷爱网站，并且有着丰富的网站建立知识，这就决定了他有可能在网站方面闯出一番天地。其次，他结合互联网旅游的发展趋势，看到了旅游网站的商机，这让他觉得这个行业是大有可为的。因此，他才敢于提出这样的梦想，并且一直为自己的梦想奋斗，因为他知道他的这个梦想是可以实现的，而且必定会实现。

其实，真正有梦想的人是务实的，他们不会只高喊口号，而是会对自己的梦想进行仔细掂量，从梦想建立之初就深知梦想实现的可能性。

那么，怎样让梦想结合自己，结合趋势呢？

结合自己，可以看看自己有哪些核心竞争力，对自己的价值有一个大体的估量。一般来说，一个人的价值可以从两方面来衡量，一是社会需求，另一方面则是自己的竞争力。通过某种测量方法，我们就可以对自己的竞争力有明确的了解，清楚自己能干什么，不能干什么。

结合趋势，就是要学会观察市场的远景，对未来的产业趋势做出判断，从中寻找属于自己的商机。首先，我们要时刻关注行业的变化，尤其是那些自己感兴趣的领域。其次，我们要关注市场的变化，清楚现在什么样的产品需求量大。

一个人的出生环境无法改变，但他的未来却可以靠自己谱写。通过对自己的能力进行评估，为自己设定一个可以实现的远大理想，然后用积极的心态去面对可能出现的各种困难，你的未来就会很精彩。

有远大梦想的同时也要有当下的小梦想

我们刚开始设立的梦想，在结合自己、结合趋势的情况下，必须"远大"。我们必须要通过十分的努力，通过几年、几十年的奋斗才有可能实现它。

但是，在有了远大梦想的基础上，我们还必须学会对梦想进行分解。如果你从一开始就盯着自己的那个最终梦想，日复一日，你必然会懈怠，甚至最终放弃了自己的梦想。

分解梦想，要求我们在有远大梦想的同时，将这个梦想设计成一个一个小的梦想。我们要有一个全盘的概念，同时每一个阶段做什么，也要结合实际考虑清楚。

举个简单的例子。比如扎马步，我们现在的水平是只能坚持 5 分钟，而我们的目标是坚持 60 分钟，如果在第一次练习时就朝这个目标努力，我们很可能无论如何也不可能完成。但是，如果将目标进行分解，先从 3 分钟练起，然后每天给自己增加 30 秒，这样的话，实现起来就容易多了，最后目标的实现也就在情理之中了。

梦想也是如此。那些看起来很难达成的梦想，在我们有意识地分解之后就会变得容易达成一些。我认为这就是一个"剥洋葱"的过程。

> 还是拿上面举的那个朋友的例子来说，他要开培训公司，但他并没有一下子就去注册公司，招聘员工来做事。而是对这个梦想进行了分解，先学习，再进入行业积累经验，最后在满足了创立公司的实力和要求之后，再创立公司。

成功是阶梯性的，梦想的实现也是一样。梦想的实现真的就像剥洋葱，需要我们一点一点去努力。我们可以将它分解成阶段性的小梦想，再将这些小梦想分解成若干个不同的更小的目标，这个环节以我们短时间内能够接近，能够达成为原则。这样，上一个目标就会成为下一个目标的前提，如此层层递进，让我们始终在前进，始终在攀登。

生命不息，梦想不止。我们需要一个远大的梦想来为自己指引方向，我们做事的动力来自梦想，但远大的梦想都是需要时间来实现的，我们不能因此让自己的信心受挫。毕竟，我们更容易接受的是短期的、具体的东西。要想逼近成功，我们就需要在维持远大梦想不变的条件下，对梦想进行分解，这是我们必须经历的一个过程，任何人都不能例外。

把你的事业变成卖梦想的事业

如果把梦想思维放到产品营销上，我想告诉大家的是，企业家卖梦想的都成长了，卖产品的都缩水了。

对企业家来说，产品不过是为消费者的需求服务的，如果你能通过产品触及消费者的梦想，那才是真正打动消费者的地方。

> 很多年前，有一个洗发水的电视广告。主人公是一名大学生，头一天他去面试，面试官看到他双肩上落满头皮屑，皱了皱眉头，没有录用他。这让他很沮丧，但他很快意识到了自己的问题，买了广告中的洗发水。结果再去面试，这一次他成功了，他无比兴奋。

这个广告自始至终没有说这个产品如何好，但一直关注的是它可以让你的梦想成真。这就是在卖梦想了。而这，又是最能打动消费者的地方。

> 还有个故事，说的是一个汽车销售员。他和其他销售员有所不同，他不是单纯地给消费者讲产品的性能、油耗，而是主要卖梦想。例如，他在消费者试驾的时候，会仔细地从最佳角度给消费者拍照，让消费者和车看上去非常完美地结合在一起，让消费者看到后，都有一种这车就属于自己的感觉。
>
> 然后，这个销售员会把照片打印出来，邮寄给消费者，并附上感言："××先生（女士），您好！上次您试驾的时候，那一瞬间我发现实在是太美了，于是我忍不住拍了一张照片，现在邮寄给您。如果您也觉得很美，我非常欢迎您再次光临。"

就这样，这个销售员把消费者打动了。当其他销售员一个月只能卖出两三辆车时，他已经能够平均每个月卖出30辆车了。

产品是无声的，但我们把消费者的梦想赋予其上时，产品就会变得鲜活，而且其价值也会瞬间被放大很多倍。

所以，企业家要从卖产品转变成卖梦想。企业家在销售产品时，不能一味地考虑这个产品的性价比，同时要多去考虑"消费者使用了我的产品，能够达到怎样的状态与效果"并以此来做营销。我们要牢记，我们卖的不是产品，而是梦想。当你知道消费者的梦想是什么，并能用自己的产品去帮助消费者实现这个梦想时，你就有极大可能获得成功。

这一点对企业家而言非常重要，相当于塑造了企业家的一种思维模式。如果我们具备这样的梦想思维，就能深刻地影响我们的行为。

21

第三章

战略思维：战略决定优势

没有哪个企业不讲战略，也没有哪个企业家用不到战略思维。战略思维是决定企业发展方向的命门，要想企业发展得更好，好的战略就绝不可少。战略就像是导航，决定的是你跟着现象走还是跟着方向走。跟着现象走是盲目的，一旦现象发生变化，企业就会无所适从，因此很容易失败，而跟着定好的方向走，企业才会稳定地达到理想的状态。

　　那什么叫战略呢？我认为对企业家而言，就是确立你的最佳位置，明确你与同行的不同点。通俗点说，就是要找到企业生存的思路。这个思路的最初形式可能只是用语句描述的一些"原则"，这些"原则"确定以后，企业就要遵从这些"原则"，并将其转化成阶段性的方法，再根据问题的轻重缓急，就可以形成总体性的执行计划。没有战略谈不上策略，战略决定企业运营的方式和方法。

　　制订战略的思维模式就是战略思维，这是一种高端思维模式，企业家需要具备系统思考问题的能力，需要具有前瞻性的眼光，能够站在企业、行业的层面去思索企业的未来之路，从而发现问题，解决问题。

做企业一定要讲战略

战略于企业而言，就好像是一个人要到某地旅行，需要事先规划好时间和行程。有了这些，旅行才有可能达到理想的状态。经营企业也一样，战略就是企业的发展规划，没有战略，企业发展就真的是无头苍蝇了。

在今天的商业社会，任何一家企业都面临着激烈的市场竞争，都有可能被淘汰出局。企业经营者不仔细思考，不讲战略，会一直保有优势吗？不可能的。

战略包含两个重要的要求，这正是解决企业发展困局的有效途径。

第一个要求是前瞻性。前瞻性要求企业家站得高看得远。它的源头是企业家对未来的与众不同的判断。市场瞬息万变，因此企业家做出的决策应该具有可持续的竞争优势，必须看得更远一些。

这种前瞻性是可以培养的，企业家要学会分析各种繁杂的信息，要关注科技的发展，关注行业趋势、国家政策的变化，当你时刻留心行业动态时，也许就真的能做出超凡的决策。

例如，国家推行二孩政策就可能意味着母婴行业会迎来一片春天，该行业的企业家就要及时做出合适的战略规划，对此要有清晰的认识，并体现在自己的战略决策上。

> 京东的自建物流系统就是一个较好的战略。京东的自建物流系统刚开始是没人认可的，众人觉得需要的人力、物力、财力都是巨大的，很可能是一件费力不讨好的事。但现在来看，这已经充分证明了刘强东战略规划的正确性，自建的物流系统送货及时，为京东赢得了大量消费者，也为京东带来了滚滚财源。

第二个要求是差异化。我在上面对战略的定义中就讲到，战略是要找到你与同行的不同点，包括经营、产品、服务等方面。有了不同点，企业也就有了在行业内独树一帜的资本，能够让企业与竞争对手有明显的区别，从而在市场中轻松获得竞争优势。

当今商业社会，消费者的个性化特征表现得越来越明显，每个人都想与众不同，而现在的产品、服务却同质化严重。在这样的情形下，企业怎样才能给自己贴上特色的标签呢？差异化是唯一的解决之道。我们来看下面三个企业的差异化策略。

> 从经营上来讲，名创优品通过打造体系化的供应链系统，使自己拥有了与上游供应商的议价权，因此可以在同类同品质的产品中，把定价做到最低。仅这一举措就让传统的日用品商户没有了还手之力。
>
> 从产品上来讲，一个收音机卖 2000 元消费者肯定觉得很贵，但如果说一款收音机不是单纯的收音机，而是一件复古的工艺品，那这个价格就是合适的，这就是猫王收音机的产品策略。
>
> 从服务上来说，"熊猫不走蛋糕"打破传统蛋糕售卖路线，通过线上下单，线下由穿上熊猫服装的"熊猫人"提供免费送货上门服务，并在送到时提供跳舞表演，致力于让每个人的生日更快乐。

以上这些都是差异化战略的经典案例，而这些企业也确实尝到了差异化带来的甜头，受到了许多消费者的重视，并迅速为自己打开了市场。

如何设计自己的战略

设计战略时，我们必须要明白设计战略的底层逻辑。这个底层逻辑就是要站在客户的角度看客户的需求，企业提供的产品或服务要能为客户解决成长、业绩、家庭等方面的问题。

知道了这个底层逻辑，再结合上文提到的战略的两个要求，我们就有了设计战略的普适性框架。

首先，战略要有远见，要确保经得起时间的考验。可以说，现在的企业拼的就是预测、预判、预见，谁能将未来趋势解读得更准确并能提前做好布局，谁就会直接占据制高点。

> 我服务过的一个客户是一家主做口香糖的企业，该企业的名气远比不上绿箭、益达、炫迈这些大品牌，这就意味着该品牌在纯产品生产上很难有所突破。怎么办呢？该企业发现"互联网＋智慧服务"将是未来工厂生产的核心，于是全力发展自动化设备和软件，为客户提供个性化服务。
>
> 现在，消费者只需花99元就可实现个性定制。消费者下单以后，他们会给消费者提供几种设计方案，在消费者选好后，他们从制作到送达，只需48小时。他们的工厂直接对接物流，并且消费者可以全程追踪、查看流程。这让他们很快赢得了东航、海底捞等客户的青睐。

要想使战略有远见，我们需要有一双善于发现的眼睛。当我们去寻找商机时，切不可被现象所迷惑，现象只是表面，真相在于人群之中，人多的地方就可能孕育着商机。

此外，我们也不可盲目跟风。

其次，企业的战略要有包容性，要把所有消费者都包容进来。找准消费者的需求是企业制订战略的根本。此处所说的消费者需求不是一部分消费者的需求，而是企业所有目标群体的共同需求，要注重消费者的体验和想法。这里，企业战略不仅仅是为消费者提供优质的产品和服务，而且意味着企业从最开始的采购到最后的销售、售后流程中，都要为消费者带来最佳体验。好的战略都应该是以消费者为中心，并以业务为核心的战略。

再次，企业战略要足够宏大。战略宏大的企业才能够做强。这里的宏大是说企业战略要全面，不要只集中在某一点上。你所想到的都要从更广的角度来考虑。例如，某个互联网企业在拟订经营战略时，就要从互联网的全局来考虑，而不能想着靠一个单点爆发。单点爆发的时代已经过去了，以前互联网还是一片蛮荒之地，随便找一个单点就能打出一片天地，而现在互联网已经变成了一个传统行业，到处都是激烈竞争。这时我们就要想清楚，行业的风口在哪里，并借此做出决策。这里，企业就必须对全盘的互联网局势有一个清晰的认知，不仅在发展规划上，在人才战略、营销战略、资源战略上都一样适用这一要求。

赢在战略，输在战略调整不及时

我们经营企业离不开战略，但一个企业的战略绝不是一成不变的。随着内部环境与外部环境的变化，我们必须及时调整战略，如果不调整或调整不及时，很多时候等待我们的将是死路一条。

商界有一个不成文的规律，即企业赢在战略，输在战略调整不及时。有很多企业做到最后就无路可走了，就是因为没有嗅到内外环境的变化，没有及时调整战略。

> 柯达的失败就是一系列战略失误的结果。柯达没有对新技术进行投资，又单纯地去押宝喷墨打印机技术，可是激光打印机却迅速成了市场的主流，就这样，柯达被其他同类企业远远甩在了身后。

柯达的失败就在于其领导层没有及时调整战略，仍旧遵从过去的发展方式，从而让自己白白错过了良机。

如果一家企业的战略和环境是匹配的，执行体系、组织架构等也和环境相适应，那么这个战略可以一直持续下去。但问题是，现在的市场环境复杂多变，充满不确定性，如果我们还死守着原来的战略，就有可能使企业发展成为一盘死棋。因此，企业家必须随时关注市场环境及竞争对手的变化，为自己的战略调整提供帮助。企业要知道，再好的战略也必须根据不同环境和时机来优化。有时，一点点的优化都可能让企业起死回生。

那么，企业如何及时调整战略呢？

企业可以建立一个环境变化预警系统，要对环境变化非常敏感。这个系统要重点关注供给、需求和竞争三个方面，以此来监控企业内外环境的变化，分析不确定性会给企业带来的危险，并迅速做出决策。

我们也可以运用目标管理方法。企业制订战略和执行战略的过程其实就是一个目标分解的过程，并且遵循自上而下的原则。企业的战略目标是需要分解的，如果我们察觉到内外环境发生了变化，那我们就可以对战略目标进行调整，进而调整企业的战略措施。

　　当然，我们说的及时调整战略不是全盘否定之前的战略，遇上小的环境变化时，我们只需要做出一些微小的改变就可以了，只有整个行业格局发生改变时，才有可能将原有战略推倒重来。其实大多时候，我们要做的只是战略微调，但也许仅仅是这一点微小的调整，就能避免企业遭受灭顶之灾。

战略认知就是格局思考

战略的核心就是企业家要在更大的格局下构建出对整个行业的认知脉络，然后根据大趋势做出正确的决策，让企业员工建立正确的认知，执行正确的步骤。

在一个企业里，领导者的认知必须在所有人之上。这样的领导者，才能制订正确的战略。

企业家脑海里要有完整的行业认知框架，例如大趋势、时代热点等。在经营中，我们在信息流里看到的任何一个点，都可以用这个框架去评判。

要建立这种认知框架，首先我们需要对市场和产品有深入的了解；其次要深入市场，走到一线去，看看别人在干什么；再次，要提高自己的学识，提升自己的境界。人与人之间的境界不一样，看到的东西就不一样。

还有一点要强调的是，我们要分清优先级，看到一些信息时，要知道哪些是最重要的，哪些是关键点，如果不是关键点，就要懂得舍弃。

所以，我们要有一定的格局。战略认知其实就是格局思考。做战略大多时候是在做预测，预测的背后就是格局。格局小的人做不了大战略，企业做得好不好、领导者的思维模式对不对，有时候我们看看他们的战略就知道了。企业家必须放大格局，在大格局下重新构建自己的认知体系，制订新打法，才能紧跟这个随时变化的时代，才能恒久地立于不败之地。

第四章

布局思维：布局决定结局

古往今来，会打仗的将军一定会布局，会经营的企业家也一定会布局。俗话说"不谋万世者，不足谋一时；不谋全局者，不足谋一域"，意思就是成大事的人，必须学会布局，用好布局思维。

　　就好比下象棋时，没有布局思维的棋手，总是走一步看一步，能看到两三步就已经不错了。而会布局的棋手呢？你还没下好子呢，他就已经预判到你的路数了。所以，你叫没有布局思维的人去跟会布局的人下棋，他们永远不会是赢家。

　　善谋局者，眼观全局，大获全胜；而谋子者，顾此失彼，满盘皆输。同理，要做好一件事情，我们也必须布好局，每一步都需要缜密计划好，精心思考，步步为营。

好的布局才有好的结局

有的人做任何事情都没想过好好地去布局，他们过着顺其自然的日子，到了无路可走时再找出路，结果可能根本就没有出路，或是即使找到了出路也不能很好地发展自己。这样的人在顺境中往往不会未雨绸缪，不懂在舒适的时候规划好今后的路，做好发展布局，而是只顾眼前利益。

前些年看过一个报道，各种类型的汽车纷纷安装 ETC，原有的人工收费窗口一下子缩减了很多。因为窗口缩减，原有的高速收费员就会被裁掉一部分。有一个收费员得知自己被裁后哭了，她说自己干了二十多年收费工作，现在突然不做这项工作了，也不知道自己未来会干什么，感觉再也没有出路了。

这就是没有布局的一种表现，没有根据时代发展的趋势提前为自己的人生做规划。她可悲吗？我觉得不。如果她能够提前有所布局，也许她的人生就完全不一样了。

我认为，人大多逃不过三种思维模式：一种是看过去，一种是看现在，还有一种是看未来。很多人总是习惯于回忆过去，如果现在要你看向未来，把你八成的精力放在研究未来上，你会怎么样？我觉得你的变化肯定会特别大。

布局需要我们有看未来的眼光和格局。人应该把主要的精力放在研究未来上，要把那种看过去的思维模式换掉，应该看向未来。现在的时代，变化非常大，如果你看到了未来，提前做好布局，毫无疑问你就比别人领先了一大步。不然的话，你身处错误的赛道，无论如何努力，都不会有好的结果。

一个商人代理了一款产品，准备主要通过电视购物方式售卖。代理之后，按照一般人的思维，肯定得赶紧上线卖产品吧？但是他没有这样做，他先是在各个网站上发布了产品宣传的文章，同时又在一些电商平台上开设了店铺，先做一些基础性的销售工作。

　　这些做好了，他才把产品搬上电视购物节目，结果这个产品很快就火了。之后，消费者无论通过百度搜索还是在电商平台上搜索，看到的都是他的产品。因此，他很快就赚了一大笔钱。

　　这个时候，别人看到了这种模式的优势，纷纷涌入，可竞争也变得越来越激烈。因为这种商机，你看到了，别人也看到了，这时候再想靠同一模式轻松赚钱已经不太可能了。

　　因此，好的布局才有好的结局。凡事多想几步，提前做好布局，结果就会大不一样。回过头来想一想，那些开创了好的商业模式的企业家，那些打造了全新营销模式的企业家，哪一个不是预判了未来、提前做好了布局呢？有布局的才叫蓝图，没有布局的只能叫拼图。

以终为始，为目标而布局

很多人深知布局有大用，但还不明白布局的核心所在。应用布局思维时，首先要设置好一个目标，然后去规划实现这个目标的各个步骤，或者是调动各种资源，将其安排在最合适的位置和节点。

再说简单一点，所谓布局，就是在目标的驱使下，提前设置好相应的人、物、事，按规律、按步骤做事，布局的过程也可以说是对目标的逆推和分解的过程。

任何一场布局，目标都是最关键的。没有目标，就谈不上布局，目标是布局最根本的驱动力。这就好比下棋，我们布局的结果是要赢过对方，也好比打仗，我们运筹帷幄的结果是要获得战争的胜利。

商业中的布局不是只考虑领导者一个人的利益，作为领导者，我们还需要为局中的每一个人着想，帮助他们设计他们的目标。你的目标，是你的驱动力；他们的目标，是他们的驱动力。商业中的布局，就好比战争中的布局，涉及很多人，你要顾及方方面面，做到把局中每一个人的利益最大化。

做老板，永远不要有"一个人打天下"的思维，必须要在别人实现了目标的基础上，你才能实现自己的目标。这是因为在商业世界里，你永远不可能靠自己一个人打下天下，只能靠一个团队，你还需要和很多"外人"打交道。人性都是趋利避害的，要想别人为你的布局服务，你就要给他们想要的，要么是精神上的，要么是物质上的。

因此，在思考布局、落实布局时，你都要考虑到"人"，"人"是布局中最重要的因素。

综合上述说明，我们就可以看出，布局首先是确定目标，然后依目标反向推演，将实现目标过程中的人、物、事合理分配，将各个环节严丝合缝地衔接起来，把从未来到现在的每一个细节都考虑清楚，再正向制订方案，细化流程，明确需要完成的时间和需要达到的效果，责任到人，落实到位，执行到细节。

布局思维就是一个以终为始的过程。例如我们想最终实现的目的是 A，那我们就要根据现有的前提条件来思考，如果实现 A 的前提条件是 B，又如果我们实现 A 的前提条件 B 已经具备，那就马上行动，若是还差一些条件，那就想办法另外创造，也就是俗话所说的"有条件要上，没有条件创造条件也要上"。

在整个布局中，还隐藏了一个关键因素，那就是势。越到布局后期，势的作用就会越明显。这就好像多米诺骨牌，前期积累了足够的势能，后期的势能才会"排山倒海"。

所以，你要考虑好"势"这个因素，哪些人和物具有最大的势能，那就优先把这些人和物考虑进去。布局是一个连续的过程，势能也会逐步叠加，当势能叠加到一定程度时，所爆发的能量绝对是你无法想象的。

当然，人是布局的关键节点，但布局中，产生变化的也可能是人，因此布局时要尽量减少人带来的变化。我们可以想办法把相关人员的行动成本降到最低，例如你可以事先设计好相关人员的行动方案、话术等，尽量让他们按照理想化的模式运行。

举个例子，你想赢利，你就要想哪些人能帮助你，你能调动、利用的资源有哪些，哪些项目又是你能做的，这就是布局。你想推广一个产品，怎样打造产品的卖点，怎么找到目标消费者，由哪些人去做营销，定价几何，将所有这些细节考虑清楚，也是一种布局。商业中，我们就要明白一点，我们要始终活在布局里，以目标为布局的关键点。

有了战略以后要布局

前面我们讲过战略思维，其实，战略的实现过程就是一个布局的过程。布好了局，战略自然显现；布不好局，战略等于摆设。

具体来说，我们要布哪些局呢？

第一是业务布局。你的企业要做什么业务，业务方向是怎样的，在哪些地域推广，都需要提前筹划。

> 美的公司的业务布局可以概括为"多元化、全球化、智能化"。对于多元化，美的选择的是先将各条产品线做到领先，再定位到高端；对于全球化，美的的做法是先以资本运作的手段打通多个地区的渠道，再从面向 C 端走到拥抱 B 端；对于智能化，美的的做法是同时抓互联网平台和先进制造，进军工业互联网。

现在，中国越来越多的互联网企业开始围绕自己的核心业务出击周边业务，建立起业务生态。例如，阿里巴巴公司杀入搜索引擎市场，盛大公司从游戏领域发展到网文、视频、音乐等领域。在各条业务线上布局，这可能成为中国未来互联网企业的主流，互联网企业的从业人员可以多留意这一趋势。

要想解决业务问题，首先企业应该清楚业务发展的重点在于开拓。例如，现在的自媒体都在打造知识主播体系，就是从新的层面解决业务问题。以前，网络主播讲究的是人气转化率，而未来人们厌烦了高颜值却没内涵的主播后，知识主播可能就会成为主流，因为知识主播传播的是观众需要的东西，而这才是消费的本质。

第二是发展布局。企业要怎样持续运营，采用什么商业模式，用什么营销方式，需要怎样的人才，这些都是发展的问题。把这些考虑清楚，企业才有出路。想法决定做法，如果你连想都没想明白，那你做的一切都没有太大意义。

第三是管理布局。管理就是要形成合理的内部体系。任何企业都不可能是一个零散无序的组织，它必须受到一些机制的约束才能正常运转。机制的设置就成了企业高层的一项必修课。能够打造一流机制的企业，也必然是一个一流的企业，因为一流的机制能保证产品的高质量，保证员工的有序规范，保证企业的高效运转。

以企业组织架构布局为例，组织架构表明的是企业各部分排列的方式以及各部门相互间的关系，也是企业整个管理系统的框架，企业从上到下都在组织架构中运转。

在企业中，组织架构的作用是分工和协调。调整组织架构，为的是将企业新一阶段的战略和目标转化成一个新的体系或制度，融合到企业的日常生产和运营中，发挥指导和协调作用，以保证战略的顺利实施。也就是说，组织架构调整是战略实施的前提。

领导者在布局企业的组织架构时，就要从三个方面去考虑：如何满足消费者的需求？如何让员工高效地完成任务？如何让管理者也能更好地完成任务？

第四是赢利思维布局。以前是"酒香不怕巷子深"，现在则是"酒香也怕巷子深"。企业光有好产品是不够的，还必须找到赢利的法子。所谓赢利思维，就是通过一定的渠道把产品卖给消费者，让自己能够赢利的方法，它涉及的范围非常广，例如营销推广、宣传方式都是其中的一个点。赢利思维除了涉及推出产品以外，还涉及企业如何理解消费者，如何将产品快速便捷地送达消费者手中，以及消费者的痛点是什么。这些都要实实在在地考虑清楚，只有这样，企业才能真正找到赢利的方式。

第五章

创新思维：没有创新，就没有未来

如果给领导者定义一个公式，我觉得最合适的是：领导者＝领导力＋创新。为什么这么说呢？这个时代变化太快，守旧的企业一直在没落，而创新型的企业才会走在时代前列。例如，在电话发明之前，电报机生产商是通信领域的王者，然而电话出现以后，没人用电报机了，如果电报机生产商不转型，不接受新技术，很快就会被淘汰。电话机呢，后来又被智能手机淘汰了。智能手机呢，未来必然还会被另外一种产品淘汰，只是我们现在还不知道罢了。

　　这就告诉我们，如果一个领导者不会创新，等待他的一定是被淘汰的结局。有很多领导者总是在犹豫：如果创新失败了怎么办？那这样的话，还是守着自己的一亩三分地吧。他们就在这样的重重顾虑下因循守旧，结果财富离他们越来越远。其实，任何一个领导者，都必须培养自己的创新思维，只有这样，才能跟上时代的节奏，才能占领商业的制高点。

敢于创新，勇于创新

生活中，我们把那些顽固不化的人称作"一条道跑到黑"的人，而有的人则脑子活络，时不时冒出一些创新点，并勇于实践，这些人的成就很可能比前者要大得多。

不创新就会被淘汰，无数的案例已经告诉我们这个道理了。现在是信息化的社会，具有全球文化共享的属性，每一分每一秒都有可能产生一种新事物，企业要想成功，必须不断创新，要敢于创新，勇于创新。

创新，强调的是开拓性和原创性，它不是我们随随便便冒出来的一个点子，而是一项系统工程。

通常，创新分为两种：一种是商业模式创新，一种是技术创新。

商业模式于企业而言就是一个通道。企业通过这个通道，塑造品牌，整合资源，为消费者创造价值，从而步入良性循环。因此，学会创新商业模式，是领导者和实际经营者的一堂必修课。

阿里巴巴旗下的盒马鲜生于 2014 年开始筹备，2016 年开出第一家门店。其创新的商业模式就是线下的门店和线上的 APP 融合运营。

盒马鲜生线下门店类似于精品超市，生鲜和餐饮类商品居多，基本都是包装后销售，店内没有电子秤。其线上 APP 经营的商品主要来自线下门店，在各门店附近 5 千米范围内的订单，他们都可以及时送达，配送时间不超过半小时，并且没有起送门槛。

盒马鲜生的门店入口处有 APP 下载推广专区，门店顶部有传输履带。APP 用户下单以后，门店可以快速拣货，货物由履带传送至物流区。

盒马鲜生的 APP 主要服务于门店附近 5 千米的人群，这样可以确保交货时间。线下门店则可以为消费者提供良好的购物体验，满足消费者随时随地"吃"的可能。同时，盒马鲜生会用大数据来分析每个消费者的购物偏好，并在APP上给出个性化的建议。盒马鲜生还会根据消费者的购买习惯为消费者提供精准的、数据驱动的商品推荐。

因为线下门店体验更好，线上APP购物简单便捷，盒马鲜生已经成为新零售行业的典范。

技术创新，则是指通过技术手段对原来的产品进行改造或升级，使之成为对消费者更加有益的产品，从而赢得消费者的青睐。

很长一段时期，国际上的电冰箱市场都掌握在美国人手中。电冰箱作为一种高成熟度的产品，市场竞争激烈，利润率很低，新进入的厂商很难找到生存空间。

但一家日本企业却注意到，传统电冰箱体积较大，很难安装在一些有电冰箱需求的小型设备上。于是，他们开发出微型冰箱。这种微型冰箱，人们不但可以在办公室里使用，还可以安装在越野车上。这样，人们外出旅行的舒适度就有所增加。因此，这款微型冰箱一经推出，就引爆了市场。

这就是创新，有了创新，企业、产品就有了活力。这是现代社会企业运作的重要规律。在科技正在呈几何级数发展的当下，其实机遇也在无限增加。对于企业而言，整个互联网就是一个"机遇发电机"，例如，智能手机的出现就引发了一股创新的狂潮。每一次创新都会引发另外一些创新，然后这些创新又会引发新的创新，循环往复。因此可以确定的是，未来，随着5G、人工智能、区块链等技术的大量运用，我们发现的机会将会更多，发展的空间更广阔。创新将会引领现代的企业家们迈向一个更加广阔的空间。

积极培养你的创新思维

我们已经知道创新的重要性，那么创新从哪里来呢？就从你的创新思维中来。

创新思维与惯常思维是相对的。应用惯常思维时，人们总是在自己的经验范围内进行重复和模仿，而创新思维则使我们跳出经验的范畴，求异求变，积极地寻找让事物变得更好的方法或技术。

创新思维有独特之处。首先是具有独创性和新颖性。有创新思维的人对事物有着浓厚的创新兴趣，能突破思维定式的束缚，而且其成果也有独创性，哪怕是微不足道的创新，也是非常可取的。其次是具有灵活性和发散性。创新思维是一种开放的、灵活多变的思维，通常伴随着想象、孕育灵感等非常规的思维活动。古人所说的"眉头一皱，计上心来"，便是创新思维的一种表现。再次是具有探索性与风险性。创新是一种探索未知的活动，没有成功的经验可以借鉴，因此它的结果也是不可准确预知的，只是有的创新者通过研判，能够比较确定地知道它会引起一股新的风潮。

那么，如何培养我们的创新思维呢？

第一，我们需要打破思维惯性的束缚。虽然，在生活和工作中，惯性思维有利于我们快速解决问题，但这也可能会成为我们思考的障碍。因为存在惯性思维，我们不太听得进别人的意见，会阻止别人讲解自己的观点，即使听到别人的想法，我们可能第一时间考虑的也是应该如何反驳这个想法。这些都阻碍了我们接触更多解决问题的途径，阻止了我们创新思维的培养。所以，我们遇到问题时，尤其是经营方面的问题，在做决定前不妨换一种方式，不再用惯性思维去考虑，多听听别人的意见，这样是非常有利于创新思维的培养的。

第二，养成定时思考的习惯。首先，要想培养自己的创新思维，就应该严格要求自己，看到一个现象就能提出两到三种想法，甚至是相左的看法；其次，我们应该在每天固定的时间，哪怕只有十分钟，写下自己认为每天最有价值的"关于某一件事的看法"。孙正义的"财富人生"就是在大学里要求自己每天用几分钟专门思考一些问题练就的。

第三，培养自己的联想习惯。在这个世界上，客观问题之间总是有联系的，如果我们养成了联想习惯，往往可以发现创新的可能。

我们在思考装盛调料品的罐子时，都会考虑它的容量、用途、使用方便性、外观设计等，比如鸡精的装载物应为密封罐子，容量尽量在 50 克到 100 克，这是因为鸡精容易受潮，所以密封性要求较高，但不用太多考虑外观的美观性，它的使用方便性在于有没有配套的"小勺子"。举一反三，我们就可以考虑油壶，这样的思考会让你发现创新的地方。

第四，寻找和珍惜自己对产品的不满。人们在产品使用过程中的牢骚就是产品可以推陈出新的动力。如乒乓球鞋要适应打球者的快速移位，同时在运动过程中，在小范围内会有大量的汗液，地板会较滑，基于此产生的消费者需求是鞋要有抓地力。现在市场上琳琅满目的各类运动鞋有的就是基于消费者对产品的挑剔和不满而开发生产的。如果发现了消费者对某种产品的不满，就有机会开发出新系列产品。

学会与众不同，无创新不创业

我们说这是一个万众创业的时代，而创业不是在旧有的经验和产品里打转，凡是成功的创业，必定是和创新相伴相生的。

很多人创业，服务不创新、产品不创新、营销不创新，结果企业根本就无法立足。创业者永远要记住，做生意最主要的是经营，是思维，无创新不创业。你想创建企业，但如果没有能力开创一个新的事物，那就不要在这个方向上创业了。

> 市场上有一款"熊本士"保温杯，被人们称作"网红"保温杯。2016年6月，熊本士开始出货，不到半年的时间，这款保温杯就卖出了356万只。熊本士能取得如此令人瞩目的成绩，给力的销售渠道功不可没。
>
> 熊本士首先开拓线上市场，他们通过微信进行品牌推广，和一些地区的"大咖"进行合作。凭借这种方式，熊本士很快就在微商群体中招募了近千名代理商。
>
> 线上市场打开以后，熊本士又发力线下市场。他们寻找的商业合作伙伴并不是卖保温杯的普通店铺，而是童装专卖店。熊本士是儿童水杯，时尚有个性的小熊造型合乎童装专卖店的风格。于是，熊本士很快就打入了各品牌童装专卖店中，通过这些门店将杯子卖了出去。

案例中，熊本士就进行了很多创新：产品创新，儿童水杯，时尚有个性；商业模式创新，通过微商建立渠道，取得了比招商会更好的效果。有了这些创新，熊本士也就有了赢利的可能。

此外，如果半年、一年企业没有新的产品出来，也是一个危险信号，因为意味着明年你可能会走下坡路。

所以对企业而言，不创新就没有生机，不突破原有的活法就没有发展。例如，当大家都在靠自媒体来宣传的时候，你还守着传统的电话营销，靠销售员上门拜访，这样做拼得过别人吗？创新就是要认准趋势，并创造出与众不同的东西来。

名创优品创始人叶国富曾说："层层加盟，层层代理的时代已经过去了。现在，是直管通行的时代。"名创优品在各地的门店、加盟商只是它的投资人而已，这些人对店面没有经营权。各地的店员、店长都直接向总公司汇报。

另外，名创优品的货品都是直接从制造商到门店的，砍掉了总代理、省级代理、市级代理、批发市场等，这样就可以保证将货品用最低的价格售卖给消费者。再者，它们的门店都开在购物中心和主流步行街，客流量大，很受消费者欢迎。

反过来，制造商也很愿意将商品以极低的价格供给名创优品，因为它的门店众多，商品需求数量巨大。这么大的需求量，没有哪一个制造商能够割舍，即使比别人的进货价低得多，只要有盈利，制造商也很愿意合作。就这样，名创优品仅仅创立4年，销售额就达到了100亿元人民币。

名创优品的创新点在哪？就在于它创造了直管模式，不仅直接将重资产模式变成了轻资产模式，对上下游各个环节都做了优化，还保证了品牌力度不打折。

可见，对任何企业而言，没有创新，就没有未来。创新是我们必须要刻在骨子里的一种理念。

管理篇

第六章

能量思维：你不是没有能力，
而是没有能量

在人生旅途和商业世界中，能量远比能力更重要。能量是什么？不同领域对能量的阐释并不一样，我把能量看成一种自我认知，一个人内在的心态、情绪和精神状态。

　　能量可以分为正能量和负能量。我们讲的能量思维，就是要着重培养自己的正能量。一个人不管能力有多强，如果没有正能量，也可能一事无成。正能量是成事的先决条件——没有做不成的事，只有做不成事的人，因此一定要保持积极向上的状态。

能量等级表

　　我们每个人都有能量，只不过能量的性质和大小不同罢了。能量是有等级的。正能量使人凡事看往好的一面，负能量使人凡事看向坏的一面。我们要做成一件事，就必须让自己充满正能量。

　　下面是一个参考霍金斯能量等级表提炼的管理者能量等级表，我们可以看一下不同能量代表的不同状态。

序号	能量	状态
1	羞愧	严重摧残身体健康
2	内疚	懊悔、自责
3	冷淡	世界看起来没有希望
4	悲伤	失落、依赖、悲痛
5	恐惧	不敢冒险、胆小怕事
6	欲望	好的欲望是成功，坏的欲望是贪婪
7	愤怒	导致憎恨，侵蚀心灵
8	骄傲	成就逐步下降
9	勇气	有能力把握机会
10	淡定	事业驾驭力很强，灵活，有安全感
11	主动	容易把握机会，占得先机
12	宽容	活得没有对错，对是非对错不感兴趣
13	明智	明白有智慧，能把复杂的事物看明白
14	爱	能用爱凝聚人心
15	喜悦	想开了，看开了，放下了，不管遇到什么事都能当成风景
16	平和	情绪安详
17	开悟	身心合一，言行合一

　　从上面的表格中我们可以看出负能量对人的伤害有多大，而正能量才是

保证我们生命更为稳健和有意义的东西。

因此，我们要培养自己的正能量，你要知道，能量是修炼得来的，自我修炼重于一切。所以，从现在开始你要进行能量重塑，从无能量到有能量，从负能量到正能量，从低能量到高能量，进行能量迭代。能完成能量重塑和迭代的人，往往也能在人群中脱颖而出。

如何重塑自身的正能量呢？以下三种方式比较奏效。

一是改变磁场。这个世界到处都有磁场，人有磁场，环境有磁场，空间有磁场。通常，能量就是环境的产物，你身处什么环境决定了你拥有什么能量。我们常说的"近朱者赤，近墨者黑"就是这个道理。如果你发现自己的负能量较多，首先要做的就是改变你周围的环境，保护你的正能量源。如果你改变不了环境，可以离开这样的环境，在陌生的地方待上一段时间，和不熟悉的人相处一段时间，或者看看书，用书中的场景触发你的思考，你还可以走进有正能量的人群之中，去感受和体悟这样的能量环境。

二是改变自己，这里有三种方法。一是学习，学习不仅会提升自己的能力，同样也会增加自己的正能量；二是改善自己的身心状态，比如养成良好的习惯，坚持独立思考等等，这些都有助于积聚正能量；三是学会拒绝，把一切负能量都拒之门外，这样你才能聚焦于正能量的人和事，保护自己的正能量。正能量增加了，你的感觉也会越来越好。

三是找到方向。人生需要方向，你要明白你在做什么，你想成为什么样子。当一个人找到方向了，就会爆发出无可比拟的力量，这种力量就是你的能量之源。

所以，增加正能量、保持正能量非常重要——改变一个人的"底层土壤"一定是要改变他的正能量水平，而改变一个人的社会属性也一定是要提升他的正能量水平。

能量源于你的"野心"

很多人说自己缺乏能量，为什么缺乏能量呢？那是因为你没有动力。为什么没有动力呢？那是因为你没有"野心"。

从某种角度来说，一个人能量的大小源于他有多大的"野心"。我们经常把"野心"看作一个贬义词，但它反映了人的一种欲望。好的欲望会造就成功，坏的欲望会形成贪婪。如果你的欲望是正向的，那么你的能量就是正向的。有这么一句俗话："不想当将军的士兵不是好士兵。"这句话说的就是一种野心。从这个角度来讲，每个人都应该有野心，因为具有野心也是成功者的一种素质。

法国传媒大亨巴拉昂去世前，曾留下遗嘱，要将 100 万法郎作为奖赏，奖励给那些说出他秘密的人。

巴拉昂去世后，法国《科西嘉人报》刊登了这份遗嘱，遗嘱中写道："我曾经是一个穷人，但我去世时却是一个富翁。现在，有谁能正确告诉我'穷人最缺少的是什么'，他就将得到我的祝福，得到我留在银行私人保险箱里的 100 万法郎。"

遗嘱刊出以后，《科西嘉人报》收到了大量的邮件，答案五花八门，说什么的都有。

在巴拉昂逝世一周年时，他的律师和代理人在公证部门的监督下，公布了答案，原来巴拉昂说的是"穷人最缺少的是野心"。

所有人都感到很意外，更让人意外的是中奖者竟是一名年仅 9 岁的女孩。她说："每次，姐姐把她的男朋友带回家时，总是警告我说：'你不要有野心啊！'所以我想，也许野心可以让人得到自己想要的东西。"

谜底揭开以后，很多富翁也都承认了巴拉昂的观点，毫不掩饰地说：野心的确是一剂致富的良药。

是的，我们应该有野心，要有不断成功，不断做大的野心，就像华为一样。

在华为，任正非将狼视为企业图腾，全体华为人就是一群"狼"。曾经有媒体把通信制造企业比作草原上的三种动物，那些跨国公司是狮子，跨国公司在中国的合资企业是豹子，地道的中国本土企业是狼。虽然在现实中，单独的狼是无法同狮、豹抗衡的，但是群狼绝不会畏惧狮、豹。任正非也相信，他带领的群狼迟早会斗垮那些通信领域中的狮、豹。

正因如此，任正非很早就提到了自己的"野心"。

当初，华为刚成立时，前景还不明朗，办公地只有几间小屋，这时华为就喊出了要"做一个世界级的、领先的电信设备供应商"的口号。

多年过去了，任正非的"野心"正在一步步实现。这时候，华为又展现了新的"野心"："华为要长期可持续地发展。"

为了实现这个目标，华为不惜代价，不断招揽人才，花血本自主开发。现在，已经没有人说华为是一只土狼了，在战胜了大量对手以后，华为成了现象级企业。

商战中的"顶尖高手"都是像任正非一样有着"野心"的人。例如，1965 年，波音公司启动史上最大胆的计划，研发波音巨无霸喷气式飞机，波音公司董事长充满"野心"地表态："如果波音公司说要制造飞机，就一定会造出来，即使耗尽公司的全部资源也要造出来。"

是的，将"野心"贯彻到我们的工作中，通过对困境的突围，我们一定会积聚一股不可思议的能量。

相信自己可以，相信自己一定行

对于每个人、每个管理者，路是自己走的，行动计划是自己制订的。所有的所有，你自己才是关键。因此，你自己首先要有成功的信仰，不要被他人的否定吓倒，用你坚强的信念，产生大量的思考，来匹配自己的行动，让自己不辜负远方，不辜负梦想。

人是有潜意识的，而潜意识包裹着新旧无穷的能量。怎样激发潜意识中的能量呢？我认为就是相信自己。

> 我有一个学员，他以前是做销售的，刚开始始终找不到好的方法，穷得兜里只剩下了几块钱。后来有一个销售冠军来他们公司，和他们分享成功经历。
>
> 这个冠军其貌不扬，皮肤黝黑，他很奇怪：这样的人都能成为销售冠军，自己为什么就不能成为销售冠军呢？
>
> 就在那一瞬间，他就给自己立志，一定要成为冠军，一定要成为第一名。这也极大地激发了他的潜意识，让他迅速地找方法、长意志，能够接受挫折、迎接挑战。最终在自身的努力下，他也创造了销售奇迹。

世界潜能大师安东尼·罗宾说："潜意识的力量是意识的3万倍。"大部分的人缺乏能量，就是因为没有运用潜意识的力量。

很多人在给自己设定目标时，都不会把目标定得太高，而这恰恰就限制了我们的潜意识。如果我们把目标定得再高一点，并决心要实现它，我们的潜意识就可能会被激发出来，尤其是在我们遭受困难和挫折的时候。如果一个人敢于向更高的目标进发，把自己想象成一个"成功者"，那他在遇到困难时，就会尝试学习新的方法来解决困难，经过不断学习，他的能量就会有所提高。

　　只有具备积极的自我意识，一个人才会把自己刻画成理想的样子，并知道自己能够成为什么样的人。有了这种潜意识，我们就能积极地发挥和利用自身巨大的潜能，开创非凡的事业。

　　这里有三个关键点。一是目标视觉化。最好是把你想成为什么样的人、想过什么样的生活等目标用图片描绘出来，或者是用照片记录下来，然后挂在墙壁上，放在床头，每天盯着它看，刺激你的潜意识，这样就可以触动你实现梦想。二是每天暗示自己，在早晚都告诉自己想得到什么。假如你想有房子，就告诉自己"我一定要有房子"；你想有车子，就告诉自己"我一定要有车子"。三是当众做出承诺。一个人做过承诺，他自己都不好意思不去努力实现，所以会一直暗示自己。我觉得，一个人当众做出承诺以后，就是在让所有人监督你的行动与决心，当你有了行动、有了决心，还怕目标达不成吗？

控制自己的情绪

情绪是能量的外在表现。在商业世界中，我们会遇到各种各样的事情，人的情绪变化也是在情理之中的。但是，高能量者都懂得控制自己的情绪，因为他们知道，愤怒会使合作者望而却步，消沉会放纵自己，会把许多机会白白浪费掉。

鲁迅在《彷徨·离婚》中写道："一个人总要和气些，'和气生财'，对不对？"控制情绪就是要保持和和气气，做生意是要与人打交道的，不和气，人人避之不及，必然不会有生意可言。

> 很久以前，一家客栈在京城的黄金地段开张了。新店开张后的几天里顾客盈门，眼见生意好，忙个不停的客栈老板对客人的态度便越来越差。有位客人不小心打破了一只瓷碗，这位老板不但不接受客人的道歉，还要客人赔了十两银子。此后，这家客栈便三天两头被人找麻烦，生意每况愈下，最后客栈老板只得悻悻离开京城。
>
> 而同一时期的苏州有一家小面馆，铺面不大，地段不佳，只由一位老妇人打理。一日，一位抱着孩子的妇女走进店里要了一碗面条，还没开始吃，淘气的孩子一伸手，就把面碗推到了地上，碗也碎了。孩子的母亲立即道歉，并主动表示要赔偿。老妇人婉拒赔偿，还关切地询问孩子是否被烫伤，随后重新做了一碗面递给母子二人。孩子的母亲感动万分，连声道谢。日后，这位母亲逢人便说这一段经历，人们纷纷慕名而来，与人为善的老妇人的面馆生意也越做越红火。

两个短短的故事告诉我们控制情绪的重要性。中国人讲究天地人和，但天时与地利是客观的，最主要的还是要主动去改变人与人之间的交往关系，要控制情绪，为人友善。成功的商人都非常重视"和"的思想，因为他们相信只有"和气"方能"生财"。

每个人都有情绪，情绪有积极的，有消极的，有我们喜欢的，有我们不喜欢的。我们很容易对情绪进行主观评判，将那些不愉快的、不喜欢的情绪，称为负面情绪。有情绪不可怕，重要的是怎么去控制它。

再拿上述两个例子来讲，第一个例子中，当客人把碗摔碎了，大多数人的第一反应都会是不高兴，或者是发怒，情绪会受到影响，还可能会中伤他人，导致后面一连串的不好的事情发生。第二个例子里的老妇人就将情绪把控得非常好，因为她和气，待人宽容，所以她的生意越来越好。

第七章

领导思维：领导力决定凝聚力，
凝聚力决定发展力

领导力是一个组织具有凝聚力、发展力的基础。领导力通常指能充分利用人力和客观条件以最小的成本办成所要办的事，以提高整个组织的办事效率的能力。

　　面对当今快速变化的时代，企业家要想引领企业走向成功，就需要强化自己的领导力。以往的一些经验可能已经不能适应当今时代的要求，企业家需要及时改变思路，全面更新自己。

　　在这个时代，胜利属于那些能够大胆变革的领导者。面对极具复杂性的外部环境，这些企业家不是观望，待情况明朗以后再作出相应的调整，而是会一头扎进这模糊的场景中，在局势明朗之前就进行积极的分析和思考，然后果断地推陈出新。

领导与管理的差异

　　领导与管理这两个词经常被我们混淆，很多人认为它们是同一个意思，无非称呼不同罢了。实际上，领导与管理只不过是在一定程度上具有共同性，在很多方面还是有区别的。

　　领导与管理存在一定的差异。首先，领导是一种决策过程，而管理是一种执行过程。

　　全球前沿的领导艺术管理者沃伦·本尼斯和伯特·纳努斯合著的《领导者》一书中有这么一句话："管理者是去确定地做事情，而领导者是去做确定的事情。"因此，合格的管理者是通过自己的职位，将确定要做的事情分配下去，并且将事情做得既有效果又有效率的人物。在企业内，确定要做的事情，诸如凝聚人心、激励士气、提升业绩等，注重的是确定性事情下面的技术、手段、细节的应用。简单来说，管理者就是要管理好自己所负责的人和事。

　　与管理者相对的是领导者。领导者不是想着怎么去完成一件确定的事，而是通过缜密决策，总结出确定要做的事，再赋予管理者（也包括领导者自己）去执行的权利。因此，一名合格的领导者就应该通过自身的学识、认知以及临场的判断和对形势的分析等来为企业选择确定要做的事情，并带领大家一起前行。

　　其次，领导倚重的是自身影响力，而管理侧重的是职权所赋予的力量。从某种程度上来说，领导和管理都是研究人，研究人际关系的艺术，但领导侧重的是人文、目的、结果和艺术，而管理侧重的是技术、手段、过程和方法。管理者通常通过各种权力的平衡来谋求解决问题的方法，以期让各矛盾方达成一致，这种方法会限制管理者的选择。而领导者对待长期性的问题则力图拓展新的思路，并给人们新的选择空间。为了更有成效地作出决策，领

63

导者必须让自己制订的计划更贴近现实。管理者依据自己在事件决策中的角色来与他人交流，而领导者更关心某些想法、事情以及决策对参与者的意义和影响。因此，领导者或者说是具有领导力的人都有着强大的影响力，他们能够让人信服，让人跟随。

再者，领导者主要处理变化的问题，管理者主要处理复杂的问题。领导者一般通过愿景来确定企业前进的方向，然后就愿景与企业内部员工进行交流，激励员工克服各种障碍为实现企业愿景而努力。而管理者则通过制订执行计划、设计规范的组织结构以及监督计划实施的结果，使工作变得有序和稳定。所以，领导者要的是在不断变化的过程中发现最能带来回报的事项，而管理者强调的是有序和稳定，因此管理总是围绕计划、组织和控制，是循规蹈矩的，而领导则是需要适当冒险的。

领导力的四个阶段

西点军校在世界上广为人知。进入西点军校的新生会由高年级的学生来带领，并被要求严格服从上级的领导，宣誓履行对国家的责任和义务。新生会参加很多体育活动、军训及领袖训练课程。在学术课程里，新生必须多多提出问题，着重训练分析和解决问题的能力。到了第三学年，他们就可以带新生了。到了第四学年，他们还可以担任更高级别的领导角色，负责更大规模的训练。

西点军校对学生领导力的培养要经过四个阶段。新生时，他们重点对自己负责；到了第二学年，他们可以成为一个小组的领导者；第三学年时可能会去领导那些组长；最后一个学年，那些表现优异的人有可能领导更大的团体。实际上，西点军校培养领导力的四个阶段也适合我们所有人。

没有人天生具有领导力，所谓的领导力都是后天习得的结果。最初，我们可能都是基层员工，是一个跟随者。跟随者的重点是管好自己。要想成为好的领导者，首先要是一个好的跟随者。一个连自己都管理不好的人又如何很好地领导他人呢？只有将自己管理好了，你才可能成为一个基层的领导者。之后，你需要和先前你充当的角色——跟随者面对面地沟通，这亦是领导力发展的第二个阶段，即面对面的领导者。紧接着，你可能成为一个间接领导者。最后，如果你表现出色，才会担当更高级的领导者。

好的跟随者和好的领导者具有很多共性。一个好的跟随者，通常具有较好的积极性和独立性。他们行动积极，同时也具有独立思考的能力，知道在企业目前的情况下自己应该做些什么，这正是他们能够进阶到下一阶段的最好资本。

在面对面的领导者中，西点军校有这样一个原则：领导者不仅要从下属那里得到服从，而且要赞赏他们拥有的知识、主动性、技巧、理解力和判断

65

力，引导他们将上述这些能力充分发挥出来。在这个阶段，我们要能够洞悉人性，必须克服那些不利于团队良性运转的人性弱点。例如，人的天性中自我保护的倾向会导致人与人之间的不信任，只有战胜了这些人性的弱点，团队协作才能达到最优。

间接领导者要改变领导方式，他们不再走向个人贡献者群体中，和他们进行面对面的交流，而是需要借助低一级的领导者来进行管理。间接领导者需要找到确定的方针和方法并向下属授权。

高级领导者需要作出决策。一个企业里会有很多决策者，但最难的决策都是高级领导者的作品，尤其是危机中的决策，至关重要。一个企业总会因为各种各样的原因遭遇危机，危机中的领导力就是在别人都感受到强大的不确定性时，你要独自找到确定性。很多优秀的企业正是企业家在危机中主动进行改革，调整方向，才最终将不利局势变为了有利局势。

领导是一个结合个人能力与目标的过程，一个拥有好的领导力的企业家不仅要有足够的知识和技能，还要具有好的洞察力、适应力，愿意服务他人，以吸引优秀的跟随者。

五种行为成就卓越领导思维

领导力无关性格，而关乎行为。无论时代如何变迁，能够领导他人开创全新局面的领导人，都有着相似的行为。虽然每一位领导者都有着不同的经历，但他们的一些行为习惯却是相同的。这些行为习惯正好可以成为我们塑造领导力的良好途径。我将它定义为"卓越领导力的五种行为"。

第一种行为是以身作则。《论语》中孔子曰："其身正，不令而行；其身不正，虽令不从。"这句话用今天的话来讲，就是要以身作则。对于领导者，重要的不是职位，而是靠自己的行为来赢得他人的尊重。卓越的领导者都知道，如果自己想要赢得尊重并让业绩最大化，就必须要以身作则，率先垂范，做别人的榜样。

以身作则的领导者能够明确自己的价值观。一个领导者不一定要领导多少人，但是必须非常清楚自己的核心价值观和指导原则，只有这样，你才能向他人传达你的价值观，并和他人一起分享这些价值观。

当然，领导者要做的不只是和他人滔滔不绝地谈论自己的价值观，还要让自己的行为和自己的价值观保持一致，为他人树立榜样。假如你坚定地想要为某个信念而奋斗，那你就要在实际行为中体现出来。通过自身的榜样力量来领导，比那些通过命令来领导的效果要好得多。所以，如果你认为企业内部的某些事务是很重要的，那就自己去践行，然后让别人认同你、跟随你。

第二种行为是共启愿景。好的领导者在向他人描述经历时，最激动人心的就是他们描绘了一个富有吸引力的未来时刻。卓越的领导者绝对相信自己的梦想，并且相信通过自己的规划和设计，能让这样的梦想实现。因此，企业的每一次活动，每一次转型升级，都会围绕这个梦想来展开。

坚定的梦想类似于信仰，是创造未来的力量。领导者开启的愿景，意味着对过去的事情有清醒的认识，同时在一些计划还没有开始执行之前，

67

就已经在脑海里看到了它实现的图景，就像设计师绘制的蓝图一样。领导者要聚焦长远的愿景，并经常提醒员工实现这一愿景的重要性（当然最好的愿景是和企业所有人的利益捆绑在一起的愿景），感召他人为企业共同的愿景而奋斗。

第三种行为是挑战现状。毫无疑问，挑战是成就伟业的熔炉。那些成功的领导力案例，尤其是在现在这个变化无穷的时代，无不是企业家带领员工挑战现状的成功。

没有任何企业家能在保持现状的情况下成就卓越。所有的卓越成就都是在不断调整和改变下完成的。这些挑战可能来自产品、来自服务，也可能是应对经济的衰退、合作伙伴的离开。领导者必须战胜时代的不确定性和由此带来的恐惧，带领员工走向卓越。

领导者要敢于冒险，要掌握主动权，让规则适应企业的需要。领导者必须不断留意自己和企业之外的世界，运用哲学和科学的头脑建构认知框架，通过捕捉创意和从外部获取创新的方法来猎取适合自己企业的新机会。

第四种行为是使众人行。企业家不可能靠一个人的力量实现梦想，必须集合企业内所有人的力量。卓越的领导者都能开放地接纳各种想法，让每个人都参与决策，从中找出最合理的途径。领导者会通过建立信任和增进关系的方法来促进协作。当你通过增强自主意识和发展能力来增强他人的实力时，他们才会将自己的力量全部使出来。

最后一种行为是激励人心。在向梦想前行的路上，精疲力尽、充满挫折感是常有的事。好的领导者都懂得激励的价值，能够运用激励的艺术来鼓舞人心。普通员工需要的是物质奖励，中高层管理者会更重视荣誉的获得。企业家在激励他人时必定要有所侧重。如果你的激励是公平公正且深得人心的，你就能在企业内部建立强烈的集体认同感和团队精神，强化员工的奉献欲。

塑造领导力，就要从上述五种行为开始。领导者越能频繁地在他人面前展示这五种行为，他对组织和他人的积极影响会越大。

第八章

演说思维：演讲力就是影响力

"一人之辩重于九鼎之宝，三寸之舌强于百万之师"。事业的成功，离不开精彩的演讲。

一个成功的老板，往往也是一个成功的演说家。有的企业家，演说直接有力、不拐弯抹角、不容置辩。企业家如雷军等，无不是很会说话的人。

与人交谈时，好的口才直如战鼓催征，雄兵开拔；又如江水直下，一泻千里；更如绵绵春雨，滋润心田。因此古今中外，演说都是成功者必须具备的关键要素之一。

而且，在成功所需的各种因素中，演说又比出身、机遇、精力、智慧等更容易控制。毕竟，演说思维是每一个人都可以习得的。

演说与影响力

有一段时间，我和一个老板聊天，他向我说了这么一段话，他说："以前我觉得酒香不怕巷子深，只要我的产品好，自然就有市场，企业也就能发展好。直到我在和客户谈判、和投资商谈判屡屡受挫以后，我才认识到，现在是酒香也怕巷子深。你的产品好，企业不一定就能发展好，一个领导者必须要有足够的能量和演说能力。产品好的企业很多，但发展得好的却不多。而这为数不多的老板身上，都有一种不可忽视的能力，那就是演讲力。"

分析很多成功的企业家的优势，我们就能发现，他们都能够把握说话的技巧。例如，雷军讲话喜欢从产品讲起，落脚到产品即服务、信息即服务、社会化营销、生态。雷军一般不会正面攻击对手，而是靠实现自身亮点展示实施对对手的无痕攻击。他不断讲述小米的未来，这不仅为他拉来了大量合作伙伴，也为小米赢得了无数的粉丝。

这些企业家都精通说话的技巧，对外，可以清晰突出地阐明企业的理念，对内可以清楚明白地向员工表达共同的梦想。

所以，演讲力就是影响力，这里有三点体现。

第一，吸引人才。公众演说可以说是吸引人才最快的方法。就像古代将士出征，将军都要登高讲话鼓舞士气一样，企业经营也是如此。团队是企业壮大的地基，而人才就是垒成地基的石头。所以，面对人才，你要讲出一切你想表达的东西，比如使命、梦想、蓝图，你讲得好，人才才会相信你，愿意跟随你。

第二，建立品牌。从某种角度来说，企业家的形象就等于企业的形象。那些著名的企业，如小米、腾讯、海尔，一说起企业名称我们就知道相关企业家是谁，也都知道他们的特点。演说是能建立品牌形象的，企业家一定不能忽视了演讲力。

第三，传承文化。一家企业，文化的传承非常重要，优秀的企业文化堪称企业的定海神针。怎样让员工感受到企业的文化呢？光是靠宣传手册、员工手册是不够的，演说更能打动人心。

所以，企业家要有演说思维。演讲是为了感染他人。做营销、做管理、搞经营，只有一个核心动作，就是影响他人。你影响别人的程度和速度决定了你的企业的规模、高度和赢利速度。很多人说了半生的话，其实只是在说话，却忽略了演说的目的。如果客户脑子里装着你的影响力，那他就是你的忠实客户；员工的脑子里装着你的影响力，那他就是你的忠实伙伴。什么叫把话说出去，把心收回来，其实就是靠话语影响他人。

演讲是练出来的

人天生会说话，但会说话并不等于会演讲。所谓演讲，是指能把自己心中所想清楚表达出来的一种能力。如果将它进行拆分，那就是先想清楚，然后说清楚。

我们周围有很多人说话含糊，条理紊乱，表达不清，这些都是不会演讲的具体表现。有很多人习惯性地凭感觉去说话，没有养成在开口前先在嘴边绕三圈的习惯。譬如说，演讲时，多数人都觉得只要把演讲稿写好了，演讲自然就能成功。其实，那样只能被称为上台读稿，算不得演讲。真正的演讲要完美表达演讲者的立场，你要先考虑清楚你想要给观众传递的是什么信息。如果是传递情绪，你就要明白自己的情绪是什么；如果是传递思想，你就要思考你的思想是否成熟；如果要传递知识，那你首先要反问自己对这门知识的掌握是否通透。

当然，也有很多人演讲前思路很清晰，但开口时却吞吞吐吐，不能自然流畅地进行表达。这样的现象，就是没有锻炼的结果了。他们需要抓住一切让自己开口的机会，找到合适的训练方法，从而逐步提高自己的演讲水平。

记住，演讲力不是天生就有的，没有人不经过锻炼与熏陶就能成为演讲高手。

英国著名首相丘吉尔被称为"世纪演说家"，可他原来却是说话口吃的人。为了练习演讲，他不惜徒步30英里，去一个法院聆听律师的辩论。他甚至还对着树桩、成行的玉米练习演讲。

英国戏剧大师萧伯纳年轻时同样胆小木讷，去朋友家都不敢敲门，后来他鼓起勇气参加"辩论"大会，不顾一切和对手辩论，后来他疯狂地学习语言艺术，千锤百炼，终成演讲大师。

我们每一个人都有可能通过学习、锻炼成为演讲高手。演讲是练出来的。演讲是有章可循的。它是一项艺术，也是一门技术活儿。懂得这项技术的人，不会勉强别人与他有同样的想法，而是会巧妙地引导别人；不会在交谈中出现尴尬，而是会运用幽默风趣的谈吐来化解不当的气氛，他们在演讲时声情并茂，他们在谈判时左右逢源……

74

精妙演讲的制胜之道

演讲越精妙，越能打动人心。在演讲中，演讲者需要恰到好处地调和与听众的关系，创造良好的氛围，获取讲话的优势，控制好演讲的现场。只有做到这几点，才称得上是精妙演讲。

1. 缓解讲话双方的紧张关系

演讲者在演讲时，和听众的关系并非一直都是和谐有序的。一场演讲中，谁也无法预料会出现什么样的意外状况。而一旦意外情况产生，也就是演讲者和听众关系最为紧张的时刻，比如演讲者忘词、出现怪异的语调，听众不买账，出现这样的情况时，很多演讲者往往惊慌失措，结果使得局面越发没法收拾。

慌乱化解不了紧张的局面，只有保持镇定，灵活应变才行。

有一次，美国前总统里根在演讲中，夫人南希一不小心连人带椅跌落到了台下，引起观众一阵惊叫。等到南希回到座位上，这一插曲告一段落时，里根便适时地说道："亲爱的，我告诉过你，只有在我没有获得掌声的时候，你才应该这样表演。"一瞬间就缓解了这场小事故的紧张气氛，赢得了听众的阵阵掌声。

可见，只要处理得当，意外不仅可以轻松化解，甚至能为我们的演讲增姿添色。

2. 创造良好的演讲氛围

有的演讲者顺利完成了演讲的内容，但是整个场面的气氛却很沉闷，听众不能有效地接收演讲的信息。因此，要想取得最好的演讲效果，演讲者就要想办法创造良好的演讲氛围。

创造良好演讲氛围的方法有很多，首先就是要了解你的听众，其次要及时和听众互动。要想使演讲现场的气氛更热烈，和听众互动是绝对不能少的一环。当听众看起来有些困倦的时候，演讲者就可以利用休息的时间和听众互动，也可以在演讲中采用提问等方式与听众互动，从而调动听众的积极性。事实证明，听众积极参与后，演讲的氛围就会充分活跃起来。

3. 获取讲话的优势

演讲中要恰当地使用称谓，得体的称谓能够拉近演讲者与听众之间的距离。

演讲者可以使用摹状手法，摹状手法可以增强听众的视觉和听觉感受，烘托现场气氛，给听众一种身临其境的感觉。如果可以，演讲者可以用口技摹声，也可以用拟声词等摹状，如"风嗖嗖地吹着""波涛滚滚地涌来"等。

演讲中，演讲者还可以运用排比的修辞方式，排比句经常被用于演讲中。所谓排比，就是用三个或三个以上的结构相同或相近的语句表达相关联内容的一种修辞方式。排比句可以加深演讲者的感情，加大演讲的力度，控制演讲节奏。在听众情绪低落，听众对演讲的内容感到难以理解，或是演讲者觉得需要着重强调时，都可以运用排比的修辞方式。

4. 主动控制演讲现场

首先，运用权威顺应原则。演讲者在演讲之中，不妨着力渲染演讲内容的权威性，加深听众对演讲内容的理解，有效控场。如果做不到，演讲者也要尽量把演讲的内容讲给听众中最有决定权的那部分人听，赢得了他们的支持，也就等于赢得了大部分听众的支持。

其次，运用低阶顺应原则。你的演讲，要让听众中层次最低的人也能听懂。例如，老师在课堂上教学，就会照顾到最低层次的学生。毕竟，演讲的目的除了精彩、吸引人，还要普及一定的知识，要尽可能地让每一个人都理解演讲的内容。一般来讲，低阶顺应原则更适用于信息传递的演讲中，而说服鼓动的演讲可少用。

　　再次，运用多数顺应原则。多数顺应，是指照顾听众中的大多数人。这也是大部分演讲要采用的策略，毕竟有评委在场的演讲并不多，更多的演讲是讲给层次相近的特定人群听的。照顾好听众中的大多数人，才能保证演讲者的高收听率。

第九章

团队思维：百年大计，人才为本

古语有云："合则聚，聚则强，分则散，散则弱。"这是一个讲究团队的时代，过去的单打独斗、单兵作战的方式已经行不通了。社会发展日新月异，需要的技能、人才也越来越多，一个人的能力再怎么强大，也都是有限的。企业要发展，就必须依靠团队。而如何管理团队，如何让团队良性运转，就成了企业家们必须重视的课题。也就是说，企业家没有团队思维，是肯定行不通的。

好团队的必备品质

人的能力与智慧就好像一个杯子，容量有限，但如果能够聚合多人之力，形成一个团队，所爆发的力量就会大得多。

曾经，新东方在培训领域成绩卓著，有很多人认为新东方的成功是俞敏洪的功劳，可俞敏洪却说："其实今天新东方的发展和我一切的成就，都来自新东方人默默的付出和勤奋努力的结果，我只是代表他们站在聚光灯下而已。"

在一个企业中，人是最宝贵的财富。只有众人合力，形成一个良性运转的团队，才能让企业的利润不断增长。世界石油大亨保罗·盖蒂就曾说过："我宁肯有 100 个人，每个人付出 1% 的努力来成功，也不愿意用我一个人，付出 100% 的努力来成功。"

我们都说小成就靠个人，大成就靠团队。那什么样的团队才称得上是一个好的团队，企业家又必须构建团队的哪些优秀品质呢？以下是我认为非常重要的几点。

第一，有明确的方向。一个好的团队必须有明确的方向，这个方向就是团队共同的目标，而且这个目标要得到团队中每一个人的认可。和前面介绍的梦想一样，团队方向也要适当高远，不然中途很可能走偏或是让团队丧失动力。有了方向，团队成员才能指哪打哪，不致像无头苍蝇那样乱碰乱撞。

第二，能够快速执行。一个好的团队，必须是能够快速执行的团队。在团队目标的执行中，每一个成员都会担任不同的角色，有的设计，有的营销，有的保障后勤，但不管在哪个角色上，团队成员都能够尽心尽力地做好。这一点对于创业公司非常重要，很多 21 世纪兴起的互联网公司，如小米等，都是因为团队有超强的执行力，决策能够快速实施并扩展业务，而成就了今天的地位。

第三，要有一股狼性。团队的狼性表现在三个方面：一是团队成员渴望去市场中拼杀，渴望成就更大的事业，在工作中表现出不畏艰险、努力拼搏的特性；二是对于问题和困难，要毫不留情地将其解决；三是愿意永无止境地去拼搏，去探索，去获取更大的成功。

第四，要有胸怀。团队成员都要有良好的精神面貌，面对困难时能够从容不迫，面对工作压力时能够精神饱满，也能妥善解决团队内部的矛盾，这就是胸怀，一种"成大事者不拘小节"的气概。

第五，能够团结。在竞争激烈的现代社会中，一个团队要想生存，除了有一定的发展条件、技术手段和明确的组织框架以外，最重要的就是上下一心。团结就是力量，当团队中的成员都能上下一心时，人、财、物等各种资源才能得到充分的利用，同时也能避免有形和无形的损耗，在排除阻挠团队的各种不利因素后继续前进。

第六，团队成员都很忠诚。忠诚是一种美德，更是一种风骨。看一看我们的边防军战士，他们常年驻守在边疆，为我国的国防安全默默地做着贡献，忍受着恶劣的环境，放弃了更好的机会，但他们没有怨言，他们总会说："这是我们作为军人对祖国的一种忠诚。"一个好的团队，成员们都爱企业，忠诚于企业，主动、不计报酬地去承担责任，充当某一个角色。

最后，有超强的学习力。学习力是一个团队具有强大生存能力的基础。成功之道有一点不可以忽视的是，有知胜无知，大知胜小知。一个团队能不断学习，那么成就就会不断攀向新高。

如何才能做好团队管理

德鲁克说："团队就是要让平凡的人做出不平凡的业绩。"但是要做到这一点，并不简单，因为在实际的团队组建和管理中，管理者往往会遇到各种各样的问题，人性的种种缺陷也让团队的成长面临着无数的不确定性。

在这里，管理者应该如何做，怎么做呢？

1. 团队凝聚力的塑造

用什么来凝聚团队，将团队成员拧成一股绳呢？答案是方向、目标。要想确立团队的目标，我们就要明白目标的基础是文化和信念。当你要为员工量身定做一种企业文化和企业的信念时，你必须熟悉你的员工，知道他们不同的特点和个性，并充分尊重他们。举个例子，当你明知道一个员工更擅长的是坐在办公室里处理财务问题时，你就不能让他去做销售。同样地，你也不能让员工整天都拜服在你的威权之下，而让他们在工作时变得战战兢兢。所以，我们要根据员工们的特点，用合理的前途和回报对他们进行循序渐进的引导，而不是随便给他们画大饼，做一个计划，就强制他们去实现。

管理者还必须清楚企业现在的状况、企业的未来发展，团队的目标必须结合企业的过去、现在和未来考虑。如果管理者看不清楚目前企业自身的问题，一些微小并有逐渐扩大趋势的"蚁洞"，那么他所提出来的目标是根本无法让人信服的。

一名管理者，应该随时问自己"我想要的到底是什么？"。这个问题不仅管理者要思考，对团队成员也很重要。要制订团队目标，领导者就要得到一个与团队利益相符的管理目标。在一个合适的团队目标里，每个人都会确信自己的企盼是合理的，并且大家都能努力拼搏，通过协作的方式去实现目标与企盼。

2. 给团队成员提供晋升的平台

对于一个企业来讲，员工是很重要的。如果说企业是一台机器，那员工就是企业中的零部件，没有零部件，机器就无法运转。一个企业要想留住优秀员工，就必须给员工更多的发展空间，让员工找到自己的价值和位置，对此，企业要有一套清晰的职位层级建设。

我认为企业最好打造一个梯形的晋升通道。所谓梯形晋升通道，就是分好层级，让员工能够看到晋升希望，而这一切需要不同的标准，到达什么层级就享受什么样的待遇，这就是晋升。

企业应对岗位进行分类，根据分类设计不同层级的阶梯。例如生产岗位，就可以设置从普通技工到高级技工几个级别，从基础的工作内容开始，每个级别对应不同的要求。而对于工作内容相对复杂，需要绩效和技能比较高的岗位，起始级别也可以设高一些。每一个职位的每一个层级，也都有相应的描述和要求。

员工进入企业后，就可以根据工作内容定个级别，不仅能让员工了解到现有的层级需要怎样的技术能力和要求，还能让员工清楚地看到自己的上升空间，达到每个层级需要积累怎样的经验，已经具备的技能和需要学习的技能是什么等。

通过职位阶梯的建立，企业也可以为每个员工制订合理的职业生涯发展规划，和员工沟通也能变得公开透明。

3. 打造合理的团队内部竞争方式

现在有许多优秀的企业都采用了内部竞争机制，用以快速激发员工潜能，提高员工执行力与工作效率。

竞争本身其实是一种激励。有人群的地方就有竞争，比较、衡量、争夺和竞赛是人生常态。为了不使自己在所属的团队中成为落伍者和被遗弃者，员工只能让自己更加努力一些，于是竞争形成了不证自明、无需言说的强大的激励力量。

不过，内部竞争机制的建立需要一些方法和技巧，主要有以下几点。一是建立科学合理的晋升体系，这一点上文已经阐述过了。二是鼓励内部竞赛。同样的事情交给两个及以上团队去做，让它们产生竞争。腾讯的微信项目同时交给三个团队进行研发，王者荣耀游戏同时交给了三个团队设计。这种方式适合财力雄厚的科技型、研发型企业。三是打造内部竞争文化。对于销售团队，可以引入内部竞争文化，一对一进行内部竞争比赛，设置奖惩规则。对于完成难度大，但是对企业贡献也大的项目或阶段性任务，甚至可以签订协议，让员工去冲刺，完不成要惩罚，完成了有奖励。

4. 为团队成员树模范，立标杆

古语曰："以铜为鉴，可以正衣冠；以史为鉴，可以知兴替；以人为鉴，可以明得失。"为团队树一面镜子，号召大家"向榜样学习"，这不只是一句口号，而是一种行之有效的管理方法。

对于创业团队和企业来讲，标杆模范的作用更是不容忽视的。标杆模范以身作则，能为企业带好头，使企业形成良好的风气，促进企业的发展，有的时候他们甚至会起到决定性的作用。

在团队成员中，我们可以找出一些优秀的成员，将其打造成团队的榜样，号召大家向榜样学习。团队成员的素质是参差不齐的，为了帮助那些能力弱、业绩差的"短板"成员，企业有必要将那些工作业绩、学习意识等素质强的员工树为标杆。

当然，管理者自己也要起好带头作用，要求他人做到的，自己首先要做到，如果自己违反了，也要自觉受到惩罚。而禁止他人做的，自己也要坚决不做，这才能发挥出管理者该有的管理能力。

领导的核心是带领团队快速成长

俗话说："要想跑得快，全靠车头带。"这句话充分说明了领导的重要性。团队领导是整个团队的灵魂，因为所有人的配合都来源于核心的指令，就像人体受控于大脑中枢神经系统一样。

尤其是在创业时候，领导更要发挥自己的优势，要有远见，有好的决策、手段和魄力来带领团队快速成长。

生产知名饮料"六个核桃"的河北养元智汇饮品股份有限公司，前身是一家国企，董事长姚奎章，曾是河北衡水老白干酿酒（集团）有限公司的技术员，生产科副科长，一分厂副厂长，集团生产科科长。

2005 年，姚奎章接下了这个二度卖身的烂摊子。接手时，他发挥大领导风范，和 58 个工人凑了 349.05 万元，买下了这个厂，挂上了私有企业的招牌。上任以后，姚奎章敢想敢做，率先垂范，在他的带领下，2015 年养元智汇净利润就达到 20 亿元人民币，昔日 58 个员工，除了 2009 年主动退出的 9 个人，剩下的凭借手中的股票，都成了百万、千万甚至亿万富翁。

这个案例很好地说明了一点，领导的决策至关重要，只有带领团队快速成长，才能在企业中形成更好的凝聚力，为企业创造更多的利润。

华为在通信技术领域和手机领域都有非常强大的影响力，华为之所以能有今天这样的成绩，离不开它的领导者任正非。可以说，正是因为任正非的正确领导，华为才能够不断创新，从中国制造逐渐走向了中国创造。任正非的一言一行都影响着华为的员工，他的思想也给华为在创新方面打下了坚实的精神基础。

创新往往需要花费很大的力气，资金方面需要投入，团队要顶住巨大的精神压力，然而，最后也不一定能取得成功。这种看似"费力不讨好"的事情，很少有人愿意去做。任正非却和普通人想法不同，他从不在意创新的成功或失败，他始终鼓励团队去创新，并且把很大的资金投入到创新当中。任正非认为，即便创新失败，团队也得到了锻炼，并非完全失败。在任正非思想的影响下，华为的团队在创新方面没有了后顾之忧，铆足劲儿向前冲，拿下了许多科技专利，变得越来越强大。

领导作为团队核心，必须具有一定的指导性思想。一个团队从建立到发展，也是对领导自身能力高低的测试，有几点是领导必须要做的。

首先是对问题进行分类、定义，明确问题限定的条件，判断决策正确与否，推动决策实施，对照实施的正确有效性，让整个团队快速有效地运转和成长。有时，领导需要超越管理的范畴思考管理的问题，突破思维定式的局限。

其次，领导要深度了解分析每个团队成员的优点和缺点，根据个人能力合理安排岗位和任务；要明确每项工作任务和清晰的合作方式，设置合理标准化的管理流程；此外要有效控制时间节点，给予员工个人能力发挥空间。

再次，领导要懂得沟通和激励。对于团队成员，不同的人需要用不同的方式来对待：有的人悟性差，就要多沟通；有的人能力强但打不起精神，就要多激励。因人而异来管理，才能让团队更好地成长。

总之，团队发展需要领导发挥自身才能，带领团队共同成长。

第十章

管理思维：不懂管理，企业无法越做越强

企业运营，永远少不了管理。管理，说白了就是管事和理人。这可不是一件容易的事。没有差的员工，更没有差的团队，有的只是不会管理的管理者。管理者的管理思维决定了他管理的效果。

　　可以说，在企业中，大部分管理者都是不会管理的。你有没有觉得自己在管理中力不从心？有没有觉得在管理中总是手忙脚乱，疲于应付？有没有觉得手下缺少可用之人？有没有认为员工工作总是不尽心、不努力，但自己又无法改变这种状态？如果你有这些"症状"，那就充分说明你有必要提升自己的管理思维了。

管理，管事和理人并行

　　管理就是管事和理人：把事情管好了，让每个员工都有事可做，每件事都有人管；把人理好了，每个人都在最合适的岗位上，各得其所，企业的内部协作、人际关系就会协调有序。

　　管事和理人要分开，因为两者的原则是完全不同的。管事要较真，管人则要大度。管事，你需要把规矩定好，然后认认真真、不折不扣地去做，而管人就不能太较真，你要有胸怀，要宽容，要大度，很多时候，一个管理者管人时最重要的一点就是"宰相肚里能撑船"。

　　管事的一个重要工具就是制度，制度定得好，事情管得就顺，管理的成效也会高。

　　　我们去一些连锁餐饮店时，比如麦当劳、肯德基，如果留心一点我们就可以发现，这些店铺都有统一的风格和经营模式，店堂内永远都是干净整洁的。

　　　有一次，我去一家肯德基，在去洗手间的时候，我发现洗手间门后有一张时间表，详细列明了洗手间清洁的具体时间、清洁范围和责任人等内容。对洗手间清洁这么一件小事，都有详细的规定和说明，这足以证明肯德基注重管好每一件小事和做好每一个细节，它要让员工明白，当把自己职责范围内的事做好、做细的时候，他就是一个合格的员工。正因为员工遵循了这样的制度，所以企业运营中的事情也就理得很顺。

　　管理的另一个工具是KPI（关键绩效指标）。如果说管理的核心是目标，那KPI就是目标的呈现方式。企业的KPI应该和员工达成共识，然后规范下来。它代表的是管理者和员工的一个共同承诺，大家都在KPI的激励或约束下做事，达到指标的理应获得奖励，未达到指标的理应受到惩罚，没有人能越过这样的考核。

理人呢，可能就要复杂多了，因为人是有感情的。当然，这里有一个根本原则，管理者理人时更多地还是要先向内看，即首先管理好自己，你把自己管理好了，就有了管理他人的资格。俗话说："榜样的力量是无穷的。"你是一个管理者，你就应是他人的"榜样"，你就要起到带头示范作用。所以管理者首先应该是一个正向的、具有正能量的人。

对待员工，我们要一视同仁。我在某些企业访问时，经常看到这样一种情况，同样一件错误的事情，管理者却采取了两种不同的处理态度，这显然是有问题的。归根结底，这还是管理者的主观情感因素导致的，因为管理者对两个人的看法不一样，于是处理结果就不一样了，当然这是会招来非议的。因此，我们在理人时，要对事不对人，同样的错误就要做同样处理，绝不可有所偏向。

理人，还有很重要的一点，就是要多花点时间在员工身上。通常管理者总是把重心放在如何处理问题上，而忽视了对员工的了解。一个管理者只是把员工激励工作交给人力资源部门，是不对的，因为员工相关的工作本身就是管理的重要内容，而不只是一个职能部门的工作。管理者一定要多花些心思去了解员工，知道他们最擅长什么，最喜欢什么，然后因人设岗，因人而异地安排工作，这样才能充分激发员工的积极性，发挥员工最大的能力。

管人要靠心，只有心跟心相通，工作才会越来越顺。管理者还要懂得，在不同的场合让不同的员工得到激励，成为主角，而不要什么时候都是管理者自己做主角。管理者要在合适的时候放下身段，给员工一些他们想要的精神奖励、物质奖励，他们才会真正地跟随你。

让制度跑在管理的前面

任何企业都不可能是一个零散无序的组织，它必须受到一些机制的约束才能正常运转。机制的设置就成了企业高层的一堂必修课。能够打造一流机制的企业，也必然是一个一流的企业，因为一流的机制能保证产品的高质量，保证员工工作的有序规范，保证企业的高效运转……

首先，企业要有正确的组织架构。 组织架构表明了企业各部分排列的顺序、空间位置、联系方式，并可显示各部门相互作用的模式，也是企业整个管理系统的框架，企业从上到下都在这个组织架构中运转。

企业领导在设置企业的组织架构时，要从三个方面去考虑：如何满足客户的需求，如何让员工高效地完成任务，如何让管理者更好地完成任务。

其次，企业应该在自己的不同发展阶段设置适合的组织架构。 管理者可以通过几个维度来评判组织架构的好坏：有没有设置过多的层级？有没有大量的跨部门协调事务？有没有经常召集人员开会？有没有不合理的岗位？同一职位的人员是否过多？如果存在这些问题，企业领导就应该适时地对组织架构进行优化，以取得更好的管理效果。

在企业中，组织架构的作用是分工和协调，调整组织架构为的是将企业新一阶段的战略和目标转化成新的体系或制度，融合到企业的日常生产和运营中，发挥指导和协调作用，以保证战略的顺利实施。也就是说，组织架构调整是战略实现的前提。

再次，企业要有明确的制度，而且制度要细致。 每一个岗位都必须有岗位说明书，岗位说明书的内容要定性、定量，包括达到标准的方式方法、KPI 的设定等，同时岗位说明书的文案要标准化。有了这些，员工做任何工作才有章可循，才不会走弯路。管理者要明白，标准化做得越好，对员工技能的依赖度越低，新员工上手越快；标准化做得越好，生产人员越有条件完成任务，一线管理人员越有时间推进制度的改善与优化。"铁打的营盘流水的兵"，一些企业能保持强劲的市场竞争力，标准化管理功不可没。

最后，企业要有合理的薪酬制度。合理的薪酬制度，是偏重给"事"发工资，而不是给"人"发工资。给"人"发工资，是由人的客观因素来决定的，例如工龄、学历、职称、性别等，这些因素的一个最大特点就是不可激励。给"事"发工资，就是给产生"绩效"的员工以回报，从而激励员工产生更高的绩效。

侧重于"事"，也就是绩效，实质是关注任职者的贡献度。有些人虽然处在比较重要的岗位上，但是他的绩效不能与其岗位相匹配，就不应得到相应的薪酬。在薪酬管理中强调绩效的作用，可以说是薪酬分配制度的重要转变，即由以前倾向于给"人"发工资变为倾向于给"事"发工资。

如何经营与员工的关系

管理者，是不能整天和员工内斗的，那样只能消耗管理者大量的精力，不会产生任何效益。管理者要懂得经营和员工的关系。

1. 喜欢自己的员工

管理者一定要有喜欢人的"欲望"，当管理者不喜欢自己的员工时，他就处于一种非常危险的境地了。一个不喜欢自己下属的管理者，怎么愿意培养下属呢？他连和下属说话的心情都没有，更遑论欣赏下属、帮助下属成长了。

有一年，玫琳凯公司招聘了一批员工，其中有一位女员工长得很漂亮，能力也很强，但由于初次接触化妆品行业，严重缺乏经验，接连两个月都没有完成任务。在第三个月的时候，这位女员工还是没有完成任务。

玫琳凯·艾施就把该员工叫到了自己的办公室，对她说："你这个月的销售额是800多美元，比前两个月要好很多，继续加油啊，我对你很有信心。"玫琳凯·艾施把信心和重视通过沟通传递到了这名员工身上，这名员工开始加倍努力工作，同时玫琳凯·艾施也常常传授她一些销售技巧。经过几年的努力，该员工不仅登上了玫琳凯公司销售冠军的宝座，还担任了区域经理。

玫琳凯·艾施绝对是个非常优秀的管理者，她不仅喜欢自己的员工，还能通过语言将自己的喜欢之情传达给他们，让员工从中获得鼓舞和激励。就如她自己所说："世界上有两件东西比金钱和爱情更为人们所需——认可和赞美，即使你所认可和赞美的对象有时候并不出色。"试想一下，如果当初玫琳凯·艾施因为员工业绩不佳就厌恶她，恶声恶气地批评她，甚至开除她，还会有后来的事情吗？

2. 找出员工的长处

管理者要想挖掘员工的长处，首先要充分了解自己的员工。管理者要知道员工的能力如何、特质是什么，他们热爱什么，要确切地写出或者说清员工的能力到底有多强，也就是他们比较在行的、做得比较好的、比较适合的。特质是员工的自身特性，比如说自信、勇敢、积极、认真、严谨、幽默、和蔼等，这些特质可以让管理者把员工匹配到合适的岗位上。管理者也要读懂员工发自内心地热爱什么，然后找到他们热爱的部分。一个人在做自己发自内心热爱的事情时，自然就会自动自发地去努力，去突破，管理者根本不用管他、监督他。

3. 帮助员工了解成功

管理者只有让员工明确成功的定义，员工才能懂得调节自己的心态，具有方向感，这样企业才容易将他培养成才。

员工只有知道自己现在所处的位置、将来要到达的目标位置，在努力的过程中需要经历哪些环节，才能有条不紊地去实现自己的目标，一步步走向期盼的成功。如果员工对这些都不清晰，那么他走向成功的过程就会艰难无比，因为没有方向感，没有参照物，人就会变得颓废、停滞。

就好比我们在大海中航行，如果我们不知道灯塔在什么地方，不知道目的地在哪个方向，不知道航行的路线，那么我们的航行就是迷茫的，容易懈怠，在这种心境驱使下，我们甚至连继续航行的勇气都没有了。

所以，管理者很重要的一项工作就是让员工了解成功，这样才能让他们走向成功的过程更加顺利、平稳。

第十一章

结果思维：没有结果，你拿什么谈未来

在管理中，管理者一定要以结果为导向。作为管理者，你要看结果，而不是过程，因为真正决定一个人价值的，不是他做了多少事，而是把一件事情做得有多正确，能得到什么样的结果。

但是，只看结果还不行，如果你想取得更好的管理成果，还必须有结果思维。结果思维就是一种把自己的能力和价值通过下属转变为结果的思维方式。我们在做管理的过程中，运用过程思维还是结果思维，产生的效果是大不一样的。运用过程思维的人，学习是任务，而运用结果思维的人，对于学习这一件事，追求的是知识的获取与运用；运用过程思维的人，工作是执行任务，而运用结果思维的人，工作是创造价值的过程。

执行应该是有结果的行动

管理特别强调执行力，但执行的目的是什么？一定是要带来一个结果。如果下属执行了某项任务，但并没有产生实质性的结果，那就说明他没有产生任何价值，他的执行是没有任何意义的。

> 很多年前，一个医疗器材公司要派一些人去杭州参加展会。因为时间很紧张，公司领导让小刘和小张分别去火车站购买车票。当天，小刘早上六点就赶到了火车站。虽然来得早，购票窗口却已经排起了长龙。
>
> 到了中午，小刘满头大汗地跑回来，告诉领导："购票的人实在是太多了。我排了半天队，到我时，却被告知票已经卖光了，连硬座都没有了，我只好回来了。"领导非常生气，把小刘训了一顿，小刘感到很委屈：我辛苦了半天，没有功劳，也有苦劳啊！没票又不是我的原因，为什么要怨我？
>
> 而小张呢，他也是排了半天队没买到票，但他又调查了其他情况，汇报给领导让领导决策，内容包括：可以购买中转票，中转票的情况是⋯⋯；也可以购买机票，目前机票的价格和航班是⋯⋯；还可以乘坐豪华大巴，豪华大巴的车次和价格是⋯⋯。

对比小刘和小张的表现，我们就能知道谁的执行有结果，领导会更喜欢谁的执行方式。所以，我们得出一个结论，执行应该是有结果的行动。

任务不等于结果，态度不等于结果，职责不等于结果，苦劳也不等于结果。有的下属态度端正，但并没有带来什么结果。如果我们不以结果为导向，没有人为结果负责，那就不能改变员工执行不力的情况，管理者一定要明白，任务的开展要的是结果，员工再辛苦再努力都不等于好的结果，态度绝对不能和结果画上等号。

职责也是如此，职责也不等于结果。对于很多员工来说，别人请假是不关我的事的，我只要干好自己的事就可以了，别人请假导致我没有完成任务，那也和我没什么关系。如果企业员工普遍存在这种思想，就会导致员工只对职责负责，没人愿意为结果负责，这是非常危险的事情。职责是对工作范围和边界的一种抽象概括，但如果员工没有结果意识，所有的职责都将是一纸空文。

苦劳呢，比如企业让员工挖井，打出井水，员工仅仅是挖而已，至于有没有水，好像并不关他的事。这就是很多员工的写照。有的员工天天加班，工作时间比其他员工都长，管理者不能被这种现象蒙蔽，要有结果意识，看一看他们的工作成果，这样就能很快看出他们的努力有没有价值。对于没价值的员工，管理者一定要有所惩戒。

结果思维

我们强调结果思维，那么什么是结果思维呢？对于管理者而言，结果思维就是在安排任务时，要关注任务最终产生的价值，是以结果为导向的一种思维方式。

比如我们去登山，你心中必须要有既定时间登顶的目标，这样你走的每一步才有意义。这便是拥有结果思维的表现。

所以结果思维不是我们给员工下达一个任务，到了规定的时间查看他们取得的结果就可以，我们要对结果进行量化，对取得结果的过程进行监控。

这里，风靡全球的目标绩效管理方法 OKR 就是一个非常不错的工具。OKR 要求我们先列出做一件事情的结果，以使结果和过程做到完美结合。

举个例子，对于产品经理，如果你只是要求他们每天做产品开发工作，他们可能就会陷入每天重复而又繁杂的工作中，从而失去方向。

如果我们运用 OKR，则会有很大的不同。首先设定一个清晰的目标，比如要求这个产品在 10 月 1 日上线，并在上线当月达到 1 万的注册用户量。

接下来，为了这个结果，我们就要对过程进行监控，如在 8 月前就完成第一个版本的产品，在 9 月灰度测试 1000 名用户，同时完成多个在线渠道的合作。

这样以终为始，才能保证我们想要的结果在预定时间完成，并确保该过程一直在我们行进的轨道上，没有偏差。

拥有了结果思维，我们做的每个步骤都会是有价值的，并且能产生真正的效果，并且随着时间的推移效果会越来越明显。

综合起来，结果思维应该包括以下要点：第一，我们做任何事情，都要考虑这件事情的价值目标，如果没有产生积极影响和价值，那还不如不做；第二，将结果分解成一个个需要达成的任务，并在过程中严格执行；第三，衡量工作的价值时，以质来衡量，而不仅仅是量。因此，结果思维并不是让我们只关注结果而不去关注过程，管理者要知道，没有好的过程和监控，也不会有好的结果。

什么是好的结果

任何人做任何事，都想取得一个好的结果，那什么才是好的结果呢？

1. 有交付价值的结果

所谓有交付价值的结果，是指这个结果能交付给他人并为其带来价值。也可以说，有交付价值的结果是一种商品，是一种满足他人需求的产出，它的价值体现在交换中。

> 举个例子。我组织了一次成功的商业论坛，那么我把这次组织论坛的成功经验写出来，就能给他人带来各种启发和灵感，这种结果就是有交付价值的结果。

2. 可复制的结果

> 还是以组织商业论坛为例。当我第一次把我的经验分享给他人时，他人不一定适用。但当我成功的次数多起来以后，经过不断迭代和总结，形成了成功方法论，别人只要按照我这个方法论去执行，就能成功举办一次商业论坛，那么这个结果就是可复制的。

可复制的结果会让同样的事情变得简单高效。管理者要知道，真正决定一个人效能的，是怎么快速把一件事情做正确，可复制的结果将是我们达成这一目标的坦途。

因此，管理中我们要多形成一些成功方法论，多思考一下我们取得的这些结果可以复制吗，别人是不是只要按照这个方法执行就能取得好的结果。如果答案是肯定的，那一定要大力推行。

第十二章

合伙思维：不懂合伙，怎么让更多的人和你一起干事业

一位知名管理者在谈到管理时曾说管理有三要素，分别为"搭班子""定战略""带队伍"。他将"搭班子"排在"定战略"前面，便充分强调了人的重要性，说明我们创立企业时必须要有一批志同道合的人在一起，这就是合伙人。有一批这样的人，大家才能齐心协力，才能基于这些人的自身特点定出最能发挥这些人才能的战略。

　　合伙思维是团队精神的最高写照。我们现在可以看到在律所、投行这种高智商人群聚集的地方，企业内部已经不是上下级的关系，而是合伙人关系。独木不成林，单筷易折断。现在的人个性彰显、思维跳跃，如果再用传统的方法去管理，只会让管理事倍功半。因此，我们是时候摒弃那种高高在上的管理思维，而用合伙思维取而代之了。

不懂合伙，没法干事业

2015 年，周鸿祎说了一句很经典的话："你好，合伙人时代！"它宣告传统的一把手制正在被时代抛弃，取而代之的则是合伙人制。

现在，信息越来越繁杂，企业需要的人才门类也越来越多。创业早就不是凭一个人的奇思妙想就能完成的事，也不再是朋友间意气相投的冲动所能成就的。只有找好合伙人，大家一起打江山，才可能真正让企业存活，让企业发展得更久远。因此，做企业一定要懂合伙，不懂合伙，就无法让更多的人和你一起干事业。

什么样的人才能成为合伙人呢？我认为很重要的一点是大家既志同道合，又各有特长。俗话说："道不同，不相为谋。"合伙做事，合伙人最重要的联系纽带就是志同道合。这里说的"志同"，指的是合伙人的创业目标、动机或者梦想都是相通的；所谓"道合"，则是合伙人的经营思路和经营策略是基本相同的，要求同存异，没有大矛盾。

各有所长是说企业里需要各种类型的人才，因此我们需要找到自己并不擅长领域里的能手来作为合伙人。

马化腾在创业初期，就明白仅靠自己一个人最多能有些小成就，要创造更大的成就，必须依靠一个团队。他给自己定位成产品经理的角色，同时又分析了创业的各种可能，认为和一些市场、行政等方面的专业人士一起才能走得更远。

于是马化腾挑选了 4 个合作伙伴，用马化腾自己的话说："曾李青负责市场，派头很像老板；张志东是学霸，实践能力超强；陈一丹是政府部门出来的，对行政、法律和政府接待都很有经验。"在这个创业团队中，每个成员都有自己的特色，互不冲突，互相弥补，也就共同促进了团队的发展。

有了合伙人还不够，我们还要懂得管理合伙人。很多企业的合伙人一开始是朋友，干着干着就成了仇人。这种事情屡见不鲜。合伙人拆台，对任何企业来讲都是巨大的损失，我们必须防止此类事情的发生。

这里我提出一个准则，就是规则第一，感情第二。很多合伙人以前是朋友，组建企业后就变成了感情第一，规则第二，结果因为太讲感情了，事情反而没做好，企业也无法正常经营。所以我们必须调整思路，变成规则第一，感情第二。一切不把规则放在心里的合作，最终什么感情都会灰飞烟灭，所以有句话叫"没有规矩，不成方圆"。

创业不易，合伙更难。如果说 51% 的企业死在创业初期，那就有 90% 的企业死在没管理好合伙人。你要知道，无论感情多深，都有可能抵不过最后的利益，因此我们在合伙时，就要建立好规则，把规则放在第一位。如果只讲感情，那就成了只有兄弟情义，没有契约精神，这在企业初创时可能问题还不多，一旦企业规模扩大了，出现的问题可能就是致命的。

如何吸引高级合伙人

我们创立企业，肯定希望找的合伙人既有资源，又有技能优势，这样的合伙人被称为高级合伙人。但是，这些高级合伙人如果不是你的亲戚故旧，他们本身有着不错的薪水、不错的职位，为什么要放弃原有的地位和高薪来做你的合伙人呢？

我们来看一下小米的情况。

小米创业初期，有七个合伙人。来小米之前，林斌做过微软公司的软件开发工程师，微软亚洲工程院工程总监，Google 中国工程研究院副院长、工程总监。黎万强是金山设计总监、金山词霸总经理。黄江吉是微软中国工程院开发总监。洪峰曾任甲骨文公司首席工程师、Google 美国高级软件工程师、Google 中国搜索产品经理。周光平是美国摩托罗拉手机总部核心设计组核心专家、摩托罗拉北京研发中心总工程师及高级总监、戴尔星耀无线产品开发副总裁。刘德是北京科技大学工业设计系主任、北京新锋锐设计公司合伙人、美国洛杉矶 Rethink Concept (LA) 公司合伙人……这些人每一个都是牛人大咖，那他们为什么愿意加入当时还不起眼的小米呢？我们完全可以借鉴雷军的做法。

1. 绘制美好的蓝图

合伙人要志同道合，共同绘制美好的蓝图，共同拥有一个非常美好的愿景。这个愿景跟高级合伙人的理念是相符的，而且他们也非常愿意为了实现这个愿景奉献和奋斗。

小米的"MIUI之父"洪峰说："小米如果仅仅做手机，岂不太无趣？小米会成为一种智能互联的生活方式。比如，烈日下准备开车，你可以提前用手机把空调打开；如果要购物，你可以刷手机直接消费。这就是以手机为平台打造的智能生活。硅谷也是如此趋势。"

雷军给合伙人描绘了小米的宏伟设想，这种美好蓝图可以帮助高级合伙人实现他们的人生理想。有了这一基础，小米就容易把高级合伙人吸引过来。

2. 真正让合伙人当家做主

有了合伙人，我们还要让合伙人有当家做主的感觉，这样合伙人才能感受到尊重。这里，我们可以给予合伙人名、利、权三个方面的好处。

所谓名，就是声誉，如果合伙人对企业作出了贡献，你要帮他宣传，扩大他的知名度和影响力。

所谓利，就是给合伙人以厚利。这些要白纸黑字写清楚，绝不能口头表示。他们现在拿多少薪水，做到一定程度后有多少分红，你要给出一个靠谱的数字。这样，合伙人才可以和企业一起成长。企业成功了，合伙人也能得到丰厚的回报。实践表明，给优秀的技术人才、管理人才一定的股权，使其利益和企业未来的发展紧密相连是企业吸引优秀人才的一剂良方。

所谓权，就是你不要把企业看成你一个人的企业，而是所有员工的企业。有很多决策你可以采取自下而上的方式，让真正干活的人来决策，让合伙人当家做主。如果你能将权力下放给骨干员工，他们再控制好自己的部门，企业资源便可以得到很好的利用。

名、利、权这三点，其实不只对高级合伙人有效，对普通员工而言同样是有效的。管理者也要注意要向员工开放这三点。

3. 让高级合伙人吸引高级合伙人

高级合伙人必然有着相当多的资源，他们来到企业后，会把自己的想法和感受传达给自己的圈子，这样就可能对他们圈子里的高级人才形成吸引力，或者他们可能直接邀请合适的高级合伙人加盟。这样，高级合伙人吸引高级合伙人，我们很快就能完成高端团队的组建。

打造命运共同体

一个企业想要做大做强，首先要注意组建好的团队，其次才是生产好的产品，因为好的团队才可能做出好的产品。不管什么时候，人都是第一位的，是企业最重要的资产。

有的企业，领导者是企业的绝对核心，有着非常明显的专制的弊端。在这样的企业中，领导者认为员工就是来干活的，而员工则认为我来这个企业就是为了混口饭吃。这样的团队，领导者和员工就是两张皮，总是融不到一起去。

而实际上，领导者和员工之间是休戚相关、命运相连的关系，那些优秀的企业，领导者和员工之间几乎都形成了某种形式的命运共同体。

华为没有上市，但它的所有员工都持有公司的股份。在《华为基本法》中，一开始就明确提出了利益共享的原则，因此华为的每一个人都能实实在在地获得财富。在华为，任正非个人持有的股份仅占华为总股权的约1%，其他约99%的股份则全部分配给了公司员工。员工占据如此大的股权比例，对比其他民营企业将大部分股权保留在自己家族成员手中的做法，华为算是很懂奉献的一家企业了。

全员持股的结果就是极大地增强了员工在工作中的积极性，员工在工作中也变得更加自动自发、自觉自愿。这是因为企业的发展现在已和员工的切身利益紧密联系了起来，员工不仅是在为企业工作，也相当于在为自己工作。可以说，华为的员工不是在为老板打工，员工自己就是老板，他们在为自己打工。

"工者有其股"，让员工成为企业的合伙人，是领导者与员工形成命运共同体的有效方法。未来的企业，员工之间必将会是一种合伙人的关系。合伙人制，将企业的股权合理地分配给员工，就能绑定领导者和员工，使他们同舟共济。真格基金创始人徐小平曾在演讲中着重强调了合伙人的重要性，他表示："合伙人的重要性超过了商业模式和行业选择，比你是否处于风口上更重要。"

当然，有的企业也采取了全员持股的方式，但效果却不太理想。这主要是因为员工虽然持有了企业的股份，但却没有进入企业的董事会，企业的决策还是老板说了算。也就是说，表面上是合伙人制，但本质上实行的还是老板的专制，员工感受不到老板的奉献是真心实意的，也就没有了积极性。因为员工不能参与企业决策，员工就不能和企业形成命运共同体，这就致使员工并不看重这些股份。华为则是每五年全体员工投票选出 51 位代表进入企业的董事会，员工真正参与了企业的管理决策。

形成命运共同体，不只是让员工全员持股那么简单，还要真正尊重员工的参与权，做到员工和企业同呼吸共命运，这样员工才能感受到自己和企业是一体的。领导者要树立一种"双赢"观，以"互利互惠"为原则，把员工的个人利益放在和企业发展同等重要的位置上，共同发展。要知道，卓越的领导者都是先培养人再考虑业绩，只有真正走进员工心里的管理者，才是得人心的管理者。

第十三章

危机思维：没有危机感就是最大的危机

做管理永远少不了危机思维，尤其是在没有危机的时候，更需要危机思维。危机的来临可能有征兆，也可能没有征兆，例如"黑天鹅"事件，如果你没有危机意识，等危机来临后再去解决危机，可能一切都晚了。这是因为有的危机一旦来临，就可能是毁灭性的。管理者要时刻都有危机意识，而不是等危机产生了才有。

你要知道，人一旦败了，光是情绪就可能让人一蹶不振。有危机感是好事，危机意识不仅可以提前补好管理的漏洞，趋利避害，也可以让我们有更大的创新力。

危机感是每个管理者都不能忽视的存在

《诗经》中说："战战兢兢，如临深渊，如履薄冰。"其实经营企业也是如此，一个企业发展得越大越快，越需要小心谨慎。危机感是每一个管理者都不能忽视的存在。

美国哈佛大学曾出具了一份报告，内容是在世界 500 强的企业名单中，每过 10 年就会有 1/3 以上的企业从这个名单中消失。哈佛大学在总结这些企业下滑的原因时，发现这些企业春风得意之时也正是其衰落的开始，正是这个时候，它们忽视了危机感，忘记了产品开发和经营管理的超前性，就像柯达一样。

柯达现在已经成了历史。谁还能想到它曾经是传统胶卷的主要生产商？

2000 年之后，柯达连续遭遇滑铁卢，最主要的原因就是长期依赖相对落后的传统胶卷，而对数字影像技术的发展判断力不够，反应迟钝。同时，柯达的管理层也过于保守，总是满足于传统胶卷的市场份额，没有进行前瞻性的分析。结果，柯达屡次错失良机，造成今天快要被人们淡忘的局面。

柯达的管理者丧失了危机感，当然也就失去了在未来继续领跑的机会。

而那些能在世界 500 强企业名单中站稳脚跟的企业，则对危机有着清醒的认识。例如日本的松下电器，无论是在办公室，还是在会议室，甚至是在通道的墙壁上，都贴着一幅画，画上是一艘即将撞上冰山的巨型轮船，画下面写着一行字：能挽救这艘船的，只有你。

德国奔驰公司董事长埃沙德·路透的办公室里也挂着一幅巨大的恐龙照

片，照片下方写着这样一句话：在地球上消失了的，不会适应变化的庞然大物比比皆是。

　　我国海尔集团的张瑞敏更是明确地指出：永远战战兢兢，永远如履薄冰。

　　对于处于市场竞争中的企业来说，危机就像"死亡和纳税一样不可避免"。危机发生的时间和环境不同，正如世界上没有完全相同的两片树叶一样。因此，保持危机感就成了企业实现持续发展的重要保证。如果没有这份危机感，再大的企业都有可能瞬间倒下。这些年，摩托罗拉、诺基亚等的衰落，就是最明显的例证。

　　危机对我们产生的作用一般有两种表现形式：一种是渐进式破坏，例如长达几年甚至几十年的衰落期，还有一种是急剧性破坏，例如在对方的强力打压下瞬间崩塌。

　　大多数情况下，危机的出现都具有突发性、聚众性和持久性。如果你有危机意识，能够注意到任何非正常的运转迹象，就不会在危机来临时措手不及，就算是我们已经取得了成功也不能例外，就像马化腾说的："外面的人给你很多掌声的时候是最危险的。"

　　对于企业来讲，危机意识体现在行动上就是以市场竞争中危机的出现为研究起点，分析危机可能产生的原因和过程，研究预防危机、应对危机、解决危机的手段和策略，解释企业危机机理，提出识错、防错、纠错、治错的预警管理方法。危机意识的落地在于用什么方法来监测可能发生危机的经营管理环节，用什么警告方式来警告可能出现的危机及其导致的后果，用什么预警控制方法来制止、减少或转移危机所带来的损失。

随时做好准备，才能应对危机

危机不会经常发生，但一旦产生，就会造成不可估量的损失，因此我们要随时做好预警，做好防护。就像为了防止火灾，我们必须提前做好所有的防火措施一样。

以华为为例。

华为上到管理者，下到员工，每个人都拥有强烈的危机感。华为走到今天，有很多人都对华为的管理和文化表现出了赞赏，但任正非不这么认为，他说："我们发展很快，问题很多，管理上不去，效益就会下滑。当务之急是要向国外著名企业认真学习，我们聘请了非常多的国外大型顾问公司为我们提供顾问服务。如我们的任职资格评价体系，是请的外部管理咨询公司做顾问的。通过自己的消化吸收，一点一点整改。任何整改都得先刨松土壤，这就要先懂得听取别人的意见。人才、资金、技术都可以引进，但管理和服务是引进不来的，只能自己去创造。没有管理，人才、技术、资金就都形不成力量，没有服务，管理就没有方向。"

其实，任何一个企业都是从不断发现危机、解决危机的历程中过来的，正因如此，任何一个企业都不能忽略了对危机的警觉和预防。

对于有征兆的危机，我们在发现危机的苗头时就要想好应对之策，做好危机管理，例如确保企业内部信息通道畅通无阻，确保信息得到及时的反馈，确保各个部门和人员责任清晰、权利明确，确保企业内有危机反应机构并得到专门的授权。如此一来，企业内信息通畅，权责清晰，一旦出现任何危机先兆，均可以得到及时的关注和妥善的处理，不至于引发真正的危机。

对于没有什么征兆的危机，例如我们常说的"黑天鹅"和"灰犀牛"事件，我们更要从各个方面做好准备。"黑天鹅"事件也是不可预测但可预防的。这就好比我们无法准确预测何时会发生地震，但我们可以做好建筑物的抗震设防。做好风险控制，在准备充分的情况下，就能在一定程度上降低"黑天鹅"事件的威力。

在股市上，保持充足的现金流是正确的做法。巴菲特便是这样的赢家，他说："再长一串让人动心的数额乘上一个零，结果也只能是零，我永远不想亲身体验这个等式的影响力有多大。"在 2008 年的金融危机中，巴菲特公司的累积现金流就超过了 600 亿美元，这让他将金融危机这一"黑天鹅"事件带来的破坏性降到了最低。这实际上就和我们所说的"防患于未然"如出一辙。

从危机中获益

中国文化是博大精深的。单就"危机"二字而言，就包含着"危险"与"机遇"两层意思，这和中国哲学文化中对立统一的思想是一致的。

对立统一规律又叫矛盾定律，对立面的统一就是矛盾的统一。它揭示了一个真理：不管在什么领域，什么事物的内部，以及不同的领域、事物之间，都包含着矛盾。危机也一样，危险只是它的一个方面，是表象的东西，而在这个表象背后，其实蕴藏着很多机遇，关键在于我们能不能抓住，并从中获益。

但我们大多数人总是单纯地把"危机"看成"危险"的代名词。从"危险"的角度来看，这个世界上"危机"简直无处不在。悲观的人可能会大谈特谈经济下行、环境恶化、生意难做等。

就企业现状而言，身处其中的人恐怕无不感到竞争正在变得越来越激烈。在马太效应的作用下，一部分企业成为头部企业，掌握着大部分市场资源，而更多的企业却不得不围绕低份额的市场不断厮杀，随时都有"葬身"的可能。但即使是那些头部企业，也不一定是安稳的，它们承受着不断的冲击，稍不注意也会轰然倒下，诺基亚就是一个典型的例子。

这就是危局，任谁也逃不过的危局。撑不过去的，被危局打倒；能撑过去的，都是能在"危"中发现"机"的人和企业。

例如第二次世界大战以后，世界经济一片萧条，但仍有一部分企业借机崛起，例如丰田等，它们抓住了战后社会中新的需求，把企业的能力转化成了更好的产品，一跃成为世界级品牌。

如何从"危"中找到确定的"机"？这就要动用我们的洞察力、适应力、决策力，这些能力将成为你从危机中获益的隐形的"助手"。它们会帮助你轻松走出危局。

有一个很著名的商业案例。说的是20世纪初，可怕的经济危机席卷全球，天下一片萧条，在此局面下，很多人都带着一种悲观的情绪。

希腊船王奥纳西斯这时却极为快速地决定购买加拿大国有铁路公司的六艘货船，10年前这些货船能值200万美元，而现在则只需2万美元。奥纳西斯的决定让许多人瞠目结舌，但奥纳西斯却有自己的判断，他认为经济危机之时，生产过剩让商品的价格暴跌，但经济繁荣时，商品的价格又会扶摇直上。那么趁危机时便宜进货，留到繁荣时转手卖出，不失为一笔划算的买卖。他觉得海运业的萧条只是暂时的，繁荣的时代终究会到来。

事实果如奥纳西斯所料，几年过后，奥纳西斯的船只身价陡增，源源不断的财富涌入奥纳西斯的口袋中。

毫无疑问，奥纳西斯敏锐地捕捉到了经济危机、经济繁荣周期性变化的确定性，从而为自己谋得了巨大利益。中国古代商人范蠡提出的"水则资车，旱则资舟"是相同的道理。

所以，只要我们细心发现，剥开表象，就能看到巨大的机遇。危中取机，危后出机，最大的危机中也会出现最好的投资机会。

第十四章

学习思维：学习力就是竞争力

现在，知识的迭代速度非常快，稍不注意，我们的想法、理念、格局、视野就会落在别人的后面。而学习呢，就是往我们脑子里装东西，让我们有想法。一个人最怕的就是无知。只有不断学习，你才会找到突破口，企业亦如此。

　　有学习思维的人生活都不会很差，而且可以避免很多灾害。那些成功的企业家，无一不是爱好学习之人，他们在随时关注前沿的管理资讯，随时在实践经典的管理理念。他们用学习丰富自我，也在用学习带领一个企业破冰前行。

学习是一本万利的投资

管理企业、提升自己的过程中，不可忽视的一点就是"有知"胜"无知"，"大知"胜"小知"。如果你能不断学习，让自己成为一个"有知""大知"的人，你就可能成为真正的管理专家，迈上一个新的高度。

学习是一本万利的投资。当你的视野开阔了，能力增长了，茫然和焦虑消失了，一切都可能变得确定起来。管理大师阿里·德赫斯说："唯一可持续的竞争优势就是比你的竞争对手学习速度更快。"

学习不是一股脑儿地照单全收，在自己从事的行业中，争取成为专家。作家格拉德威尔在作品《异类》中提出了一万小时定律，说的是那些成就非凡的精英人物，无不付出了持续不断的努力，他们从平凡到伟大至少都经历了一万小时的锤炼。这一万小时，就是一个人成长必须付出的代价。

对于技能，有的需要我们学会，有的需要我们学精。基本的生活技能是需要我们学会的，行业技能则是需要我们学精的。

对于学会，我们基本知道怎样去做，而对于学精，我们除了要知道怎么做，还要知道为什么要这样做，对事情背后的因果关系有清晰的认知。

我们知道，在某一个领域能被称为"专家"的人肯定拥有渊博的知识，但反过来却不一定成立，也就是拥有渊博知识的人不一定就是某一领域的专家。

专家有着灵活的适应性，能深入理解各种情形，具备洞察其他可能性的视野。

前面我们提到了学会，学会的判断标准是使一件事情能够"自动化"地进行。例如一个司机开车行驶在路上，踩油门、踩刹车这样的行为根本不用去费劲想，在合适的情形下自动就会发生。但"自动化"的缺陷是当你觉得一件事情"闭着眼睛"就能完成时就很难再有所提高了。

125

学精是要我们突破这个舒适区，这就要求我们有意识地摒弃"自动化"的做事方式，去尝试不同的做法，并且要敢于失败和分析失败，在失败中找方法，这个过程叫刻意练习。刻意练习不是简单地重复，而是目标清晰、形式明确地练习。刻意练习的核心是寻求即时的反馈，获得批判性、建设性的改进建议。

综合起来看，专家的成长过程是要以做科学研究的态度来对待刻意练习，先制订计划，并通过练习来获得反馈，然后根据获得的反馈修改计划，再练习，这样反复循环，螺旋上升。

让学习成为一种习惯

很多人缺乏学习精神，他们有勇有谋，唯独没有谦卑的学习态度。这些人要吃一番苦头后才会懂得学习的重要性。

学习不是一个阶段性的任务，也不应该是一时之需，而应该是人生的一种习惯，无论年老年少，我们都不应该放松学习。在知识经济时代，科技发展日新月异，知识飞速更新，如果不虚心学习，即使我们原来有着很扎实的基础知识，也会很快被这个时代淘汰。正如罗曼·罗兰说的那样："成年人慢慢被时代淘汰的最大原因不是年龄的增长，而是学习热忱的减退。"

活到老，学到老，一个人才能不断地进步。因此我们在学习上绝不能有厌烦之心。无论是经验还是教训，对我们来说都可以是成长中学习的一个阶梯。

现代生活、工作的节奏很快，我们必须抱着"活到老，学到老"的信念来工作。

同样从一个新的起点开始工作。有的人能够立刻掌握要点，但他如果不去学习，一样会退步。与此相反，有的人起步很慢，但如果他能持续虚心学习，也能获得很大的成果。正所谓"江郎才尽""大器晚成"，造成这种差别的主要原因就在于他们是否坚持学习。

学习的方法有很多，一种是向优秀的人或企业学习。各行各业都有学习的对象，你要经常向周围的人学习，学习他们的长处，用开放的心态向他们学习。永远不要以为你已经找到了最好的老师，或者以为自己已经出类拔萃。换句话说，你要寻求一些更好的学习方式。

还有一种学习方法是向书本学习。在向书本学习时，你可以采用问题导向法，即在学习的过程中把你遇到的问题都列为具体目标，结合它们学习相应的知识，最终让自己实现总的学习目标。这样，你在学习中就可以时刻处

127

在问题的引导下，带着问题求解，促使你不断思考，获得更多的能力。也可以采用设问推理法，在阅读时，多问几个为什么，并且推敲它立论的根据，在反复分析中获得你所需的知识。还有一种方法是重复读书法。德国哲学家狄慈根说："重复是学习之母。"对有些难懂的书，你可以一读再读，直到懂了为止。

不管是向优秀的人或企业学习，还是向书本学习，你都需要经常对学习的效果进行自我检测。你在学习时，应该根据一定的标准，采用一定的方法，对你的学习成果进行分析和评价，找出经验，或是总结教训。这样自检，你可以获得大量的反馈信息，从而调整和控制自己的学习，得到成功的鼓励或失败的鞭策，把自己的学习导入一个更有效的途径。如果说用什么东西来衡量学习的效果，我觉得就是要有新的感觉、感悟、体悟。看书、听课、记录、记忆只是学习的表现形式，学习最核心的是领会。记住的不一定会运用，但领会的一定能够运用在实践中。

你还要多投入精力去学习。每个人一天的时间都是 24 小时。大部分人可能会用约 8 小时工作、约 8 小时睡觉，其他时间拿来娱乐。而有的人不一样，他把别人娱乐的时间用来学习，有时候，人与人之间的差距就体现在这上面。如果你多花些时间来学习，你的人生、你的企业自然会不一样。

经营篇

第十五章

产品思维：产品经理不可推卸的责任，就是把产品变得更好卖

产品是一家企业发展的基础。产品作为连接企业和消费者的纽带，必须受到企业的重视。

要想做出好产品，让消费者买单，我们就需要有产品思维。所谓产品思维，就是在做产品的过程中，充分理解消费者的需求，找到解决方案，以此为基础制作产品原型，测试产品设计，直到产品最终上线。

产品的本质是满足消费者需求

有的人一提到产品，总看重创意。有的产品经理也总认为产品创意是最重要的，因此竭力想在产品上展现闻所未闻的创意。

但是他们却忽视了非常重要的一点，那就是即使产品的创意再好，如果它不是消费者所需要的，那这样的产品有什么价值呢？

因此，产品思维有一个核心，那就是通过正确和有效的方式来发现消费者的需求，从而制造产品来满足这个需求。

> 曾经，我们买房都需要去现场，舟车劳顿不说，还要排队排号，而且还看不全。看房就成了消费者的一个苦差事。于是，解决消费者的看房难题就成了消费者购房时的需求之一。
>
> 如何满足这个需求？有的房产销售企业借助新型 VR 科技推出了 VR 看房。消费者进入 VR 场景后，销售员会详细讲解房屋的状况以及周边的设施，沟通非常方便。同时点击 VR 图像中的白色圆圈，就可以在房屋内随意走动，并且随意切换视角，了解房屋的各个地方，给人一种身临其境的感觉。
>
> 这个房产销售企业就这样站在消费者的角度去感受他们的需求，创造了新的看房体验，同时也为自己创造了一波房产销售高峰。

由此我们可以看出，只有满足了消费者需求的产品才是好产品，而这也正是产品的本质。产品本来就要面向消费者，要切实为消费者解决问题。

消费者的需求，可以概括为四个方面：一是功能需求，例如消费者使用手机可以满足自己通话、上网的需求；二是形式需求，主要体现在消费者对产品的品质的要求上；三是外沿需求，消费者对产品有自己心理、文化和感受上的需求；四是价格需求，消费者希望获得一个性价比高的产品。

产品经理应该从这四个方面入手，不断满足消费者的各种需求，使产品创造出真正的价值。产品经理可以根据消费者需求，打通渠道，形成相应的产品方案，高质量地交付产品，快速响应消费者的需求，帮助消费者解决面临的问题等。这才是"以消费者为中心"的真正内涵。

产品要以用户体验为中心

找到消费者的需求是创造产品的基础，但我们要知道，消费者的需求，可能不只是你看到了，你的竞争对手也可能看到了。这个时候，我们要怎么领先对手？用户体验就一定得被提上日程了。

随着互联网的发展，用户体验已经被放到了非常重要的位置。马化腾就曾经在腾讯说过："用户体验，比一切事情都大。"

用户体验，是产品与用户心灵的对话，如果用户体验好，那就说明你的产品抓住了用户。

有的初创企业之所以失败，就是因为不懂得用户体验的重要性。他们在做产品时，刚开始还很积极，但是做到一半的时候，就将工作交给了下属，然后转移精力去做自己认为的"大事"了，结果产品出来投放到市场中，用户体验并不太好，大量用户流失，企业也就走上了下坡路。

而成功的企业大多是很注重用户体验的。

> 以腾讯为例。正是凭借对用户体验的重视，腾讯研发出的各种产品才超越了模仿者数倍。例如 QQ 邮箱，除了具有其他同类邮箱拥有的功能外，还能同时接收其他邮箱的邮件，这给用户带来了便利的体验感受，因此获得了大量粉丝的支持。

用户体验，简单来说就是用户在使用产品的过程中的直观感受，以及在使用产品过程中产生的心理活动。这里面有三个关键词：用户、使用感受和心理。企业要做一件产品，当然首先是要找到自己的用户在哪里，哪些人群会使用自己的产品。"使用感受"和"心理"也可以称为"感性"和"理性"，或者是"情感"和"交互"。

从中我们可以看出用户体验是二维的，产品带给用户最好的感受是好用而且心里舒服。有的产品做不到二者都满足，但至少在某一项上带来的价值要让用户深切感受到。例如高跟鞋，虽然穿起来痛苦，在"交互"体验上较为逊色，但高跟鞋能使人有气质、增加回头率等，在"情感"上优于其他鞋类，其为用户增加的美感能令用户克服甚至忽略穿着时的痛苦感，所以高跟鞋仍获得了大量用户的喜爱。

从这里可以看出，产品的用户体验实际上是"使用感受"和"使用心理"叠加出来的。如果用户体验是正向的，那正向程度越高，用户体验就会越好，产品就会越受欢迎。

因此企业在生产产品时，一定要将自己放在用户的位置来思考，深入思考自己的产品能不能解决用户的痛点，能不能让用户的生活更美好，它是否有存在的意义，如何将产品做得更好。

怎么做"爆品"

说到好的产品，肯定离不开"爆品"，因为现在社会中已经不缺产品，缺的只是"爆品"。互联网社会中，爆品的力量是无穷的，一旦拥有，就可能掀起一股消费浪潮。

没有哪位产品经理不想让自己的产品成为爆品。什么是爆品呢？爆品就是引爆市场的产品。

引爆市场，靠的绝不是大特价、大优惠、大喇叭促销，而是真正能在短时间内依靠口碑就能给自己带来大量消费者的产品。爆品能给企业带来的，不仅是大量客流和现金流，更重要的是能快速提升产品的竞争力。

"爆品"不一定是出奇的产品，它具备五个特质：有需求、有颜值、有好的体验、有速度、有较低的价格。它讲究的是创新，超越消费者的心理预期，让消费者没有选择。

第一，爆品一定是符合消费者所需的产品，能让商家精准地确定对应人群，知道卖给什么人群，是什么阶层的人的刚需。

第二，爆品也要有颜值，要让消费者第一眼看到时就"心动"。爆品的包装也要精致，要设计出消费者喜欢的样式，争取让消费者动心。

第三，一款产品能不能成为"爆品"，很重要的一点在于用户体验。现在的产品，基本上都依赖体验式营销，有好的体验，才能让消费者更好地接受。爆品要有让消费者尖叫的理由，在某些方面做到极致，让消费者产生极致体验，这样才能从同类竞品中脱颖而出。

第四，要迅速找到特殊标签。越快找到自己产品的特殊标签，也就越容易让自己的产品成为"爆品"。

最后，"爆品"还得有低价格。商家在给产品定价时，首先得让消费者买得起，甚至让消费者觉得物超所值，这样才能引起消费者的购买欲。

一家企业，如果没有一两件"爆品"，是很难立于不败之地的。只有打造了"爆品"，才能牢牢吸引消费者的眼球。

一开始，"爆品"应该是小众的，商家应该专注于满足一部分人的需求，而不是所有人的需求。就如小米，一开始产品定位就是"为发烧而生"，只围绕发烧友这一小部分人去做，将这部分人的口碑赚到了，之后才引爆大众购买。

当然，"爆品"并不意味着商家做好产品，就"酒香不怕巷子深"了，现在是互联网时代，互联网的传播力量从未像现在这么强大。企业要通过线上线下的推广与宣传，在一定时期内，带来大量的新用户。

还有，企业要设计容易让消费者记住的特征，让消费者觉得你的产品"有趣""有料"，消费者与产品产生关联以后才能成为粉丝，并为产品信息的传播奠定基础。

企业也可以让消费者参与到产品的制作中来，在网上与消费者交流沟通，加强互动，总结他们的体验与感受，进一步研究和改进自家产品，使其更具个性，这样才能让产品更受欢迎。

第十六章

价值思维：客户永远只为价值买单

价值是王道，尤其在营销过程中，必须应用价值思维。你给消费者创造了价值，消费者就愿意做你的忠实粉丝，而不是像传统的销售那样，一次买卖以后就没有交集了。现在，谁都在抓流量，抓粉丝，而真的要抓住，唯一的通道就是"价值"。企业必须思考如何为消费者创造价值，这与企业的价值是息息相关的，企业为消费者创造的价值越大，企业自身的价值才会越大。

持续为消费者创造价值

想一想，日常生活中，你为什么要去购买某商品呢？绝大多数时候，是你觉得那个商品会有用，也就是说，这件商品对你来说是有价值的，比如你购买手机是为了联系方便，你购买电脑是为了工作方便，你购买电子产品是为了丰富业余生活。

这就告诉我们，让消费者意识到你能够为他创造价值非常重要。就拿我们来说，我们做培训，很多人愿意来跟我们学，他们为什么愿意跟我们学，而不是去跟别人学呢？那是因为我们每天都在做一件事情，每天都在研究这件事情，就是怎样去为跟我们学习的人创造价值，让他们把企业做大做强，做精做专。

在实战的课堂上，许多学员都能学到自己真正想学的知识，不少学员都能够有效提升，走出过去的误区。

你能够提供给他人具有独特价值的东西，别人才愿意为你买单。所以，你要充分发挥自己的才能，好好地问一问自己能够为消费者创造怎样的价值。

在互联网时代，企业之间的竞争、人才之间的竞争已经变得越来越激烈，如何才能从残酷的竞争中脱颖而出呢？这需要我们多研究如何用价值吸引消费者，如何为消费者创造更多的价值。

有这样两个企业，它们在互联网大潮来袭的时候，依然经营得非常出色，原因就在于回答并解决了上述问题。

> 第一个企业是 ZARA。ZARA 能够在全球范围内迅速发展，就是得益于其能够有效地识别消费者的需求。消费者的需求是"以合理的价格购买符合时尚潮流的服装"，对此，ZARA 提出了能够满足消费者需求的价值主张，即为消费者提供价格合理的快时尚商品。

为了能够实现这个价值主张，ZARA 在发展业务过程中，找到了关键的业务领域，诸如设计、生产、物流，针对这些关键的业务领域所需要的核心能力，制订出了切实可行的解决方案。按照这个解决方案运行，该企业一年能够生产近 20000 款不同的服装，这个数量是其他竞争对手的三倍。从设计到分销，这个时间被缩短了两周，更好地满足了消费者对商品的需求。

第二个企业是宜家。宜家有效地发现了消费者需求：以低廉的价格购买简约风格的家具。宜家由此提出了价值新主张：产品价格低廉而秉承前沿的北欧设计风格。宜家在围绕着价值主张发展业务的过程中，找到了关键的业务领域，比如设计、采购与终端展示等，强化这些核心领域所需要的设计能力、供应链管理能力以及成本控制能力，然后制订出有针对性的方案。满足客户的需求、为客户创造了价值的结果就是在零售行业持续低迷的时候，宜家却能够逆势突围。

企业经营需要战略，有战略才能为消费者持续地创造价值。当消费者最需要被满足的价值得到满足之后，赢利也就变成了水到渠成的事情。

所以，我一直都在跟学员们讲，一定要挖掘消费者的价值观，然后针对消费者的价值观去为其创造价值，那么你就能够极大地提升自己的销售量。

比如，对于那些买房子是为了让生活更舒适、更方便的人来说，推销的时候，你就要提及所售楼盘的优势：学区房、交通便利、生活设施健全等。

找准了消费者的价值观，并且根据消费者的价值观为他们提供所需要的产品，成交也就变得容易了。

深入了解消费者的价值观

尊重消费者的意见，发掘消费者的价值观，并且从消费者的价值观出发去做营销才会有更大的成功可能性。

简单举一个例子，你所卖的手表是高端商务手表，一块手表的价格可能就高达十万块。这个时候，消费者就会质疑，觉得你的手表太贵了。你如何把手表卖给他？首先你要弄清他是事业型的还是家庭型的。如果是事业型的，你就可以告诉他："这款手表不仅仅是为了让您看时间，更能够彰显您的尊贵。"如果他是家庭型的，你就可以这样说："有了这块手表，您出门就更有面子，家人也会以你为荣。"

如果你不了解消费者的价值观，消费者很可能不会购买你的产品。消费者的价值观是什么？充分挖掘出来，并且在这一点上做足文章，你就能够顺利地实现营销。

比如，针对那些家庭型消费者，一家涂料企业是这样做的。

> 为了让产品在市场上火爆起来，他们推出了一个概念，叫作"妈妈的关爱"。这个概念主打的就是健康、环保的理念，一经推出，就获得了很多家庭型消费者的认可，最终取得了可观的市场占有率。

消费者的价值观是什么，你的切入点就应是什么。你的切入点是正确的，你所能够取得的效果就是事半功倍的。

明确消费者的价值观，这一点很重要，直接影响着销售的结果。

消费者的类型不同，他们对产品的诉求也就会截然不同，有些可能更看重价格，有些注重服务，有些则可能会重视使用体验。这些都能够成为消费者的购买理由，也都能成为消费者拒绝的借口。

143

所以，这就要求销售人员在充分了解消费者的基础上，能够真正找到消费者的价值观以及其核心需求，根据消费者的价值观以及核心需求，制订针对性的销售策略，让消费者能够主动说"是"。如此，你的销售业绩也就能够水涨船高。

利他才能利己

传统观念认为，商业是"利己"的，"利他"无从谈起。基于这样的认识，很久以来，企业的目的是追求利润最大化。就像 1962 年米尔顿·弗里德曼在著作《资本主义与自由》中说的那样："企业的唯一社会责任就是为股东创造价值，除此以外，做其他任何事情都是在浪费钱。"

不得不说，在以前的很长时期，这确实是事实。但是现在，商业社会已经发生了巨大的变化，传统的利己思想已经越来越不合时宜。商业社会和互联网的发展，让以卖家为中心的时代变成了以买家为中心。而这个时候，各个企业都会想办法争取消费者，培养粉丝群体。

消费者为何要成为你的粉丝？那还不是觉得你能为他创造价值。而要做到这一点，利他是最重要的途径。

因此，企业只有利他，才能成就长久的事业。

> 一个开面馆的商人，如果只知道利己，不知道利他，面做得不好吃，那消费者就不会买账，久而久之，他可能就会关门大吉。相反，如果他保持利他的思想，将面做得非常好，消费者自然趋之若鹜，他也能得到实实在在的实惠，收到先利他后利己的效果。

唯有利他才能利己，这个观点爱德华·弗里曼在其著作《战略管理：利益相关者方法》中也提过。他提出了"利益相关者"的概念，强调企业不仅要保证自己的利益，也要保证消费者、员工、供应商、合作伙伴、社区、环境和整个社会的利益。

因此，从广义上来说，利他不只是让消费者得利，也要让员工、供应商、合作伙伴、社区、环境和整个社会得利。

其实这一点，现在很多企业家已经认识到了。稻盛和夫一直遵循"敬天爱人"的思想。"敬天"就是要遵循自然规律，尊重道德和人性，不要因为追求短期利益而去破坏自然生态系统，失去最基本的道德底线。"爱人"就是要爱你的员工，爱你的顾客，以及爱你所处的这个社会。

华为也强调："爱祖国、爱人民、爱事业和爱生活是我们凝聚力的源泉。"华为的任正非曾说："君子取之以道，小人趋之以利。以物质利益为基准，是建立不起一个强大的队伍的。"

阿里巴巴集团的价值观中也强调："以前我们做企业以自己为中心，未来新经济下是以他人为中心、以客户为中心、以员工为中心。让员工比你强大，这是未来最重要的，因为员工是未来创新的源泉。而且，互联网思维就是要从以自己为中心变成以他人为中心，以（将）服务变成体验，强调开放、透明、分享和承担责任，这才是未来互联网商业的思考。"

所以，企业应该通过创造消费者满意的产品帮助社会所有成员实现健康和幸福。而赢利，只是保证企业可持续发展的手段之一，绝不是全部。换句话说，就是企业不仅要创造财富，还应该为社会创造价值，承担自己的社会责任。就像稻盛和夫说的那样："自利则生，利他则久。"自利要求企业多做一些有意义有价值的事，利他要求企业从别人的角度出发，多为他人提供帮助，以自己的力量来恩泽社会。

第十七章

营销思维：练习营销的能力就是练习赚钱的能力

营销是最能历练一个人的工作，它决定一个人能不能把产品变现。营销的能力就是赚钱的能力。纵观世界上的富豪，很多都是靠营销起家的，因此可以说，营销是赚钱的基本功，因此我们必须要有营销思维，并且能熟练地运用它。

现在社会上流行一句话，叫作"思路决定出路"。营销就是如此，我们要想有营销思维，就要看到营销的本质；理解了营销的本质，才有可能制订正确的营销战略；有了正确的营销战略，我们的市场策略才会变得真正有效。

营销的本质

有很多人认为营销就是满足消费者的需求，并将这种需求转化为利润。因此很多人在做营销时，虽然利用各种手段、方法和工具追求利润，但是效果却并不理想。造成这样的结果，问题不是出在手段、方法和工具上，而是出在他们并没有深刻领会什么是营销的本质上。

那什么是营销的本质呢？其实就是帮助消费者找到他们需要的东西，而不是要求马上就有收入，有利润。帮助消费者是核心，利润不是核心。营销是尊重自然规律，用长期付出来获取回报的一个过程。

营销的前期规律就是要多和消费者互动，和消费者搞好关系，让消费者形成使用我们产品的习惯。近些年比较流行的免费营销手段就是这样的，通过免费，让消费者在不付出的情况下感受到产品的好处，从而形成产品黏性，之后我们就可以收费或是利用后续的服务来收取费用。

就像当年国内打车软件的补贴大战一样。当时打一趟网约车，跟免费几乎没什么差别。企业这么做的目的就是利用价格诱饵，把网约车理念灌输给消费者，培养消费者习惯，在消费者体验后获取口碑，最终把没有实力的竞争者挤出去，做大市场。

另外，我们做营销时，还必须先人后己地做奉献，也就是要有利他思维。这里的利他，不只是指现在要购买我们产品和服务的人群，我们更要注重那些现在不需要，但从长期来看对我们的产品和服务有需求的人群。因此，我们要找到这部分人，和他们建立联系，并且要无私地帮助他们解决问题，在经过时间的沉淀后，这部分人就可能成为我们的忠实用户。

出于对营销本质的认识，现在营销也开始从原来的价格、产品层面逐渐过渡到体验、服务和文化营销的层面。体验营销就是企业通过让消费者试用、体验等方式，使消费者感知企业产品或服务的质量和性能；服务营销是

149

指企业通过最好的服务来感动消费者，以口碑的方式来吸引消费者，增进和维护与消费者的关系；文化营销则是把商品作为一种文化载体，通过市场进入到消费者的意识中。

所以，在新的市场经济环境中，企业要不断更新自己的营销理念，打造一个强有力的营销团队，建立起一套高效的市场营销系统，这样才能带给企业源源不断的动力。

消费者教育

这些年来，科技正在改变着传统商业路径。互联网的兴起促成了电商的大发展，各种"风口说""红利说""蓝海说"不绝于耳。于是，一些传统企业的领导者们终于醒悟过来，开始进行相应的调整，想要跟上这股风潮。作为后起者，他们已经丧失了抢占阵地的优势。不是他们不早做研判，只是他们总担心万一我的决策是错误的怎么办，要是我的产品不受市场欢迎怎么办。

对于这样的企业，我觉得它们最缺乏的思维是：消费者是需要被教育的。我们常常说产品、商业模式要"以消费者为中心"，但是就消费者而言，他们往往并不知道自己想要什么。对此，苹果公司创始人乔布斯曾有过精彩的阐述，他说："消费者并不知道自己想要什么，直到我们拿出自己的产品，他们才发现这就是他们想要的。"

151

例如电脑上的视频剪辑软件，在这个产品没有出现之前，很少有消费者明确知道自己想要这样的产品，直到视频剪辑软件真的出现以后，他们才会说："真好，这就是我想要的。"

在这里，我们换位思考：如果我们是营销人员，想要将产品卖给消费者，那应该怎么做呢？这里，营销人员并不创造消费者需求，消费者虽然不知道自己想要什么，但他们的需求还是存在的，这种需求先于营销而存在，产品只是激发消费者需求的一个媒介。这样，营销人员的根本任务就是对消费者进行教育。

营销人员对产品不遗余力地介绍其实就是一种简单的对消费者的教育，但这种教育往往收效甚微，因为它并没有触及人性，有时候甚至是违背人性的。

对消费者的好的教育方法包括提高消费者的品位，重塑消费观等，也包括触达消费者的心理需求，例如利用消费者的从众心理等。

钻石之所以卖那么贵，就是因为它很好地满足了人们的需求。精明的商家将钻石打磨得熠熠生辉，并将它与浪漫和婚姻联系起来，开创了将钻石作为婚戒不可或缺的一部分的先河。这样，钻石摇身一变，成了爱情和忠贞的象征。消费者成功地被教育了，他们接受的教育是订婚、结婚时必须有钻戒不可。于是，2013 年时，世界钻石的销售额达到了 700 多亿美元，而在1932 年，其销售额还是零。因此，钻石被消费者所接受，并不是因为它本身的价值高，从本质上来说，它只是一块由碳原子组成的石头而已。它现在所有的一切光环，都是商家教育消费者的结果。

消费者教育就是这样，从人性出发，又以人性收场。仔细看看那些消费者认可度高的商品，我们很容易能从中发现人性教育的影子。

活用自媒体

互联网深度发展以后，自媒体受到越来越多人的关注。现在人们广泛使用的微博、微信、贴吧、论坛、QQ空间等都是自媒体平台，在自媒体上发布广告就是自媒体营销，视频营销也属于自媒体营销。随着互联网的发展，人们的注意力越来越多地从原来的文字、图片转移到了视频这种形式上。视频营销就是将广告做成视频，进而在自媒体上发布的一种营销形式。

自媒体广告成本低，能和用户有效互动，能够有针对性地传播，还能为自己的产品引流，具有一些传统媒体无法比拟的优势。现在，几乎每个企业都或多或少地建立了自己的自媒体平台，但是如何利用自媒体做出好的视频广告，很多企业却并不了解。

我们在运用自媒体做广告时，首先应该考虑的是数据和营销逻辑，也就是要做好数据分析。只有把自媒体广告建立在一定的数据分析上，才能找到良好广告效果的突破口。数据分析一般分两步走：第一步是描述目标群体，例如目标群体是 20 ～ 25 岁的喜欢上网购物的年轻女性；第二步是描述目标群体的网络活动轨迹，例如搜集他们通常会在什么时间、什么地点上网，通常会上哪类网站，上网爱浏览什么样的内容等信息。

做好数据分析以后，我们应该设计一个巧妙的自媒体广告方案，例如和消费者找到共鸣点，打造消费者喜闻乐见的内容等。自媒体广告的表现形式有图文、视频等，其中视频最符合现下的传播趋势，企业要不断创作、积累、优化这些内容，来成就内容形式的多元化。

另有一个需要特别注意的地方，那就是自媒体广告必须追求差异化，要追求符合自己产品文化个性的内容，这样才能让自己的广告在众多的自媒体广告中脱颖而出。

我们还要注重自媒体的布局。现在网络上的自媒体平台繁多，运营账号

153

是很费心思的事情，因此企业要避免在很多自媒体平台上投放广告。企业最好选择一两个自媒体平台，集中精力将其做好，不要求多，而要求精。

接着是很重要的一点，即选择自媒体平台。企业选择自媒体平台时首先要区分行业类型，例如日用消费品视频广告就比较适合投放在一些面向大众的自媒体上；其次是要区分业务模式，例如做 B2C 和 B2B 的企业，就应该选择不同的自媒体平台。

最后，企业投放自媒体广告也要做好售后服务。自媒体上的营销，其实用户更在乎的是售后服务，企业应该全程抓住用户的心理，用心服务好用户，这样才能收获更多的回头客。

第十八章

故事思维：营销中要会讲故事

营销的一大核心是传播，而推动传播的最有效的方法可以说就是讲故事了。尤其是在现在这个互联网大行其道的时代，你如果想让自己的产品在市场中广受欢迎、家喻户晓，更需要通过优质的故事吸引人们去主动传播。因此，我们做营销时一定要有故事思维，一定要会讲故事，会利用故事传播内容。

为什么是故事

经济学家西蒙说过："这个时代，有价值的不再是信息，而是注意力。"注意力如此重要，要想充分吸引消费者的注意力，离不开故事思维。

绝大多数人都喜欢听故事，而不喜欢听道理。你给别人讲道理，即使你的道理讲得再对，别人也不一定愿意听。可好故事就不一样了，它从开始、发展到结尾，都让听的人沉浸其中，情感随着故事的节奏而跌宕起伏，并愿意为之口口相传、争相转发和分享，这就是故事的魅力。而且在人们传播故事的过程中，你的个人形象和产品形象将变得更加鲜明，这样更加有利于获得良好的营销效果。

> 2014 年，有一个名叫陈安妮的漫画类博主，在微博上向 800 万粉丝发送了一组漫画，题为《对不起，我只过 1% 的生活》。该漫画讲述了陈安妮本人有关梦想的故事。
>
> 故事一：成为漫画家的概率只有 1%。
>
> 陈安妮很小的时候就对漫画情有独钟，但是由于家庭收入的限制，没有更多的钱供她学习漫画，因此她只能选择刻苦自学。所有人都认为陈安妮成为漫画家的概率只有 1%。经过陈安妮的不懈努力，她考上了广东外语外贸大学。在大二那年，她的父亲不幸出了车祸，至此，家里的经济来源一下缩减了很多，陈安妮顿时陷入了困境。一个偶然的机会，一位朋友找到了她，让她给一本图书画一些漫画，画一张可以得 30 元。这时她才发现漫画可以卖钱，也因此在微博上收获了几百万个粉丝，获得了中国动漫金龙奖，还靠稿费支撑起了这个家。
>
> 故事二：成功地开一家动漫公司的概率甚至低于 1%。

此后，大学还没毕业的陈安妮决定开一家动漫公司，很多人认为她没有任何创业经验，创业成功的概率低于1%。但陈安妮还是选择坚持。于是，她找了间平房，拉来了志同道合的人与她一同创业，然而创业是艰辛的，他们曾因为交不起房租、发不出工资、天天只能吃泡面而差点放弃，但他们最终忍受住了煎熬，收获了低于1%概率的成功。

故事三：漫画APP。

陈安妮认为做一个好玩的漫画APP，可以让更多像自己一样的漫画人脱颖而出。但是，她的这个梦想连续受到了三次打击，投资人认为她没有互联网经验，并不看好这个项目。陈安妮只能倾尽自己所有的积蓄，经过三个月的不懈努力，最终，"快看漫画"上线了。

陈安妮的这组描绘自己艰辛创业故事的漫画发表在微博上之后，她的粉丝和其他知名人士将其快速扩散，在微博、微信朋友圈上迅速传播。很快，该图在微博上已经累计转发45万次，点赞数达到35万，评论数达到了10万，阅读量超过2亿。而其转化率也因为优质的故事内容而高得惊人，当天超过30万用户下载了她开发的"快看漫画"APP，该应用在应用市场上以最快的速度冲到了免费榜榜首。

陈安妮借助故事开展的营销活动，显然是个人创业中的成功典范。

我曾总结了故事营销的几个优势，主要如下：一是可以用很少的成本达到更好的宣传效果；二是传播速度快；三是影响力很大，在短时间内就可以影响一大批受众；四是关注度很高；五是容易产生热点话题，热点事件是人们讨论最多的事情；六是针对性很强，不同的故事会针对相应的人群，企业正好可以借机向符合企业特性的人群进行宣传。这就是故事营销的魅力。

如何构建故事

讲故事前，首先我们要明白什么样的故事才是好故事。讲故事的目的是用故事包装自己。所以，在讲故事之前，我们先要明白好故事的必备元素。故事里，最好包括自己的亲身经历，包括自己创业过程中的艰辛和努力；同时，故事内容要通俗易懂，不要太复杂，不要让受众读起来感到费解，进而不愿意继续读下去；故事也要有正确的"三观"，不要涉及敏感话题；另外，在简单通俗的基础上，还应当使你的故事有创意，出其不意才能更好地抓住人心。

我们还要明确如何利用故事包装自己。先要明确"我是谁"。讲故事，首先要有人物，你作为故事的"主角"，首先应当让受众知道你是谁。其次，在受众知道你是谁之后，重要的一点就是让受众知道你存在的价值。最后，在包装自己的过程中，你还需要告诉受众你的商业愿景是什么。

我们应如何构建故事内容呢？

1. 确定一个动人的主题

讲故事要有主题，有侧重点，否则会让人抓不住你的故事的重点，不知道你的故事想要传达怎样的信息和思想。构建故事的目的是实现清晰的营销目标，所以好故事要有一个清晰的主题，且要以商业营销为出发点。

2. 学会构建冲突

平铺直叙的故事往往不能激起人们内心的波澜。好的故事，一定要跌宕起伏，而跌宕起伏需要用冲突来构建。要有一些冲突、反转，给人一个在情理之中却意想不到的结局。当然，冲突可以不止一个，可以在适当的时候设置多个冲突。

3. 注重细节描写

一个好的故事，除了需要有一个动人的主题，需要有冲突，让情节跌宕起伏，还需要对人物、环境、故事情节进行详细刻画和描写。注重细节描写，可以使得故事更加生动，给人以真实感，更能达到感染受众、引发受众共鸣的目的。

第十九章

服务思维：没有黏性走不远，没有裂变做不大

任何一个企业，除了出售自己有形的商品以外，还必须出售一种无形的商品，那就是服务。有的时候，服务比运营要重要得多。服务得好，消费者才可能被留存、被拓展，服务一旦缺位，再好的商品也会出现消费者的流失。

　　尤其对于互联网企业而言，我们已经知道，现在中国的网民数量几近饱和，谁都不愿意被别的企业切走流量。这时就只有服务好消费者，让消费者对你产生强烈的信任感，你的商业版图才能持久。

比效率更重要的是服务

在我们的生活中，处处都有服务。我们身边的通信、银行、运输类企业就是用来给人们提供服务的。商业社会中，产品也是服务的载体，因为所有产品的创造都必须思考如何以消费者为中心，如何取悦消费者、获取消费者、留存消费者，这个逻辑的背后就是服务。所以产品经济，其实也是服务经济。

经营是经营你和消费者的关系，改变消费者的习惯，培育消费者的消费特性；服务就是建立消费者的依赖性。由此我们也可以看出服务的重要性。

有的时候，服务甚至比产品本身更重要。

在众多企业中，把服务做到极致的不能不提海底捞。

163

> 海底捞的服务在业界可谓如雷贯耳。海底捞"掌门人"张勇刚创业开火锅店时，竞争对手个个都比他强。当时的刘一手、德庄、小天鹅等火锅店，要么有新鲜的食材，要么有火锅底料秘方，要么有出众的调料。而张勇呢，手里什么都没有，甚至他本人对火锅都不太懂。
>
> 这时，张勇想到了服务。张勇的思维是："如果不能让消费者吃得好，那海底捞起码应该让消费者心情好吧。"于是，海底捞开业以后，如果有消费者的鞋子脏了，海底捞的工作人员会免费给消费者擦鞋子；如果有消费者因为喝酒胃不舒服了，海底捞的工作人员会免费给消费者熬一锅小米粥……
>
> 就凭着这些极致的服务，海底捞逆势崛起，迅速壮大，"海底捞"这几个字也成了火锅界的一块金字招牌。

这就是服务的力量。有很多人经营企业失败了，其实缺的就是为消费者服务的心，他们没有把事情做到消费者的心坎里。

我们再看一下星巴克的案例。

以前，星巴克的咖啡制作模式是把烘焙好的咖啡配送到各个门店，消费者下单以后再现场打磨制作。

舒尔茨上任以后，为了提高效率，降低成本，曾将烘焙好的咖啡先集中打磨成咖啡粉，再配送到门店冲饮。他认为这样缩短了流程，也可以发挥机器的规模效应。

但是，星巴克后来发现这样做却让服务有一些缺失，因为咖啡豆在打磨的过程中会释放一种香气，而这正是消费体验不可或缺的。于是，星巴克又恢复了现场打磨制作的程序，当然也将流失的消费者重新找了回来。

星巴克的例子就告诉我们，不要以为一味提高效率、降低成本就可以做好企业。我们要围绕消费者的体验来设计服务，而不是一味地想着去提高效率和降低成本，比效率更重要的其实是服务。

消费者服务满意的五个要素

有的人对服务的理解，可能就是遇到消费者咨询时仅是用"您好""欢迎下次光临"等简单的话语来接待，这样的服务实在是太无力了。企业为消费者提供的服务必须是走心的，需要提供超出消费者预期的服务。当然，每一个消费者的期望有所不同，而我们要做的就是尽量超出大多数人的期望。这里就涉及服务满意的五个要素，满足了这五个要素，我们的服务才称得上是优质的服务。

1. 可靠

可靠就是我们承诺的，在广告里宣传的东西一定要兑现。我们可以对比一下高铁和航空服务，通常航班的起降时间就不太具有确定性，因为航班经常由于天气或其他原因取消或延误，而高铁的这种情况会少很多。因此，高铁服务的可靠性就大于航空服务，可靠就成了高铁服务和航空服务竞争时的核心优势。

2. 及时响应

及时响应，就是消费者有了问题以后，我们前线的服务人员要第一时间了解到，并且迅速给出解决方案。这就需要多赋予前线服务人员权力。这方面海底捞就做得很好。海底捞给了前线服务人员免单权，当消费者在就餐中出现问题的时候，服务人员可以视情况直接给消费者免单，而不需要再向上级申请，这就保证了响应的及时性。

所以，服务是灵活的，是可以收服人心的，服务人员有独立意识，赋予服务人员一定的权力，才能提高响应速度。有的企业，服务人员不能取悦消费者，最根本的原因就是员工没权力，做不了主，结果影响企业的口碑。这种情况下，一般员工都是让干就干，不让干就不干，很死板。

3. 要有保证

这一点是说你提供给消费者的产品是要有保证的，要让消费者用得放心、吃得放心。例如肯德基、麦当劳，为了让消费者吃得放心，餐盘下面有时会铺一张纸，纸上列着炸制食品所用油的购买渠道、控制温度、报废流程等，这就可以让消费者吃得放心。现在很多企业提供产品采购链的可追溯信息，目的也是让自己的产品有所保证，能让消费者放心使用。

4. 与消费者共情

与消费者共情，就是我们要站在消费者的角度思考，帮助他们解决问题。举个简单的例子，我们在坐飞机时，如果我们在飞机上开灯看书时睡着了，这时空姐会过来帮我们关灯，以方便我们休息。这就是典型的与消费者共情。

5. 有形的服务

虽然，大多数时候我们的服务是无形的，但我们能提供的有形的服务也不胜枚举。例如，高铁车厢中的座位舒适度、通道宽敞度等都会影响乘客的心情和体验，这些做好了，就是把有形的服务做好了。

超出消费者的预期

好的服务要超出消费者的预期。

股神巴菲特曾经说过一句话："能让消费者感到惊喜的企业相当于拥有了一个免费的销售团队，你看不见他们，但他们却无时无刻不在替你宣传。"

所以我们不仅要满足消费者的需求，更重要的是要全方位地给消费者制造惊喜。现在的企业会通过微信、微博、抖音平台给消费者制造惊喜，消费者瞬间就可以将相关信息转发出去，帮企业进行宣传。从另一个层面来说，给消费者制造惊喜，也是企业将消费者的朋友转化成自己用户的绝佳途径。

消费者的惊喜从哪里来？其实惊喜就是消费者的一种兴奋性需求。我们除了提供给消费者出乎意料的产品外，出乎意料的服务更是必不可少的，这里就需要经营消费者的愧疚感。什么叫愧疚感？就是很多消费者愿意主动帮你，就是你服务到能让消费者感觉欠你的。这样，消费者就会对企业非常满意，从而提高对企业的忠诚度。

> 海底捞的服务很有特色。消费者去海底捞吃饭，西瓜没有吃完，问服务员能不能将西瓜打包，服务员说不行。结果结账的时候，服务员直接给消费者拎来一整个西瓜，并告诉消费者："切开的西瓜不卫生，你要打包的话，就送你一个西瓜。"消费者立即就有了一种超预期的美好感觉。正因如此，海底捞的口碑才会爆棚，而口碑的核心就是超预期，就是给消费者以各种惊喜。

现在，常规服务可以说已经很难打动消费者了，我们应该拿出海底捞的服务态度，让消费者感觉温暖、惊喜，让他们感觉到有愧疚感，这样才能打动消费者。

现在各行各业的竞争都非常激烈，谁能给消费者提供更好的、超出预期的服务，谁就能够在竞争中取得优势。竞争往往是从小事上、细节上取得优势，这优势正是来自消费者的体验，一种超出他们预期的体验。海底捞在服务细节上做得好，给消费者一种来到家里的感觉，充分照顾消费者的情绪，充分满足消费者的需求。这些本身可能并不会消耗太多的成本，却由于超出了消费者的预期，给了他们特别好的体验感。

要超出消费者的预期，就要方方面面都想到，不断让自己的服务趋向完美。不可以只做某方面的服务，要尽量全面，因为我们服务的是人，消费者的体验是全方位的。比如，卖东西不能只卖出去就不管了，还要包配送、包安装、包售后；不仅要提供服务，还要提供停车的地方、吃饭的地方、娱乐的地方。面面俱到，处处为消费者着想，从整体上提升消费者的体验，就能超出他们的预期，获得他们的青睐。

第二十章

品牌思维：形象决定印象，
印象决定地位

毫无疑问，现代社会的消费者选择产品时，越来越注重品牌。很多消费者购买产品时就是直接奔着某品牌去的，由此可见品牌对于产品、对于企业的重要性。

　　因此我们做产品时，就需要有品牌思维。品牌就是由拥有品牌思维的人塑造出来的。品牌思维的强弱，是决定我们的品牌能否被广大消费者接受的先决条件。

系统、科学地设计品牌

消费者认可一个品牌，是很多因素叠加后的结果。一个企业要想塑造一个好品牌，就要利用消费者能够接受的一些因素，来增加消费者对这个品牌的情感凝结。

塑造品牌的方式可以分为对外和对内两个方面。对外就是要精准定位自己产品的消费者，针对消费者进行品牌宣传；对内则要经历品牌建设、品牌发展、品牌推广等各个环节。

众多环节连在一起，是一个漫长的过程，但对于企业来讲，这都是必需的。就像罗马不是一天建成的一样，品牌的塑造也需要耐力和勇气。

所有的品牌都需要建立在消费者喜欢和接受的基础之上，在打造品牌之前企业就要做好市场调研，了解消费者。这是一个品牌调研的过程。

通过品牌调研收集了大量的情报或资料以后，确定自己品牌系统中的问题、影响的因素以后，就要开始进行品牌的定位与设计了。品牌设计者要根据企业的现状、竞争对手的情况、社会公众的各种条件来设计品牌。品牌设计的内容包括名称、标记、外形等。所有这些，都是以产品的品质为核心，以消费者的倾向和习惯为基础的。品牌设计就是要把品牌植入消费者的心里，让消费者与产品之间产生黏性和共鸣，认可产品的价值。

海尔作为一家家电企业，其品牌重心就是质量、科技和服务。海尔的品牌发展，靠的就是质量。1985年，海尔事业刚刚起步，由于部分员工没有质量意识，造成76台冰箱不合格。虽然这76台冰箱不合格，但当时冰箱市场供不应求，要卖出去完全没有问题。不过海尔领头人张瑞敏没有这样做，而是将这76台冰箱全部召回，用铁锤当众砸毁。从那以后，消费者认识到了海尔产品的高质量特性，员工也有了强烈的质量意识，海尔因此成为中国的知名家电品牌。

塑造品牌以后，企业还要着力于品牌的文化和营销。品牌自身也是一种文化，进行品牌文化建设可以将企业的文化内涵和产品特色传达给消费者，让更多的消费者记住自己的品牌。品牌文化包括用户利益主张、品牌故事、沟通口号等。用户利益主张就是要告诉消费者你的品牌能解决什么痛点，品牌故事就是指你的品牌所具有的能打动人心的故事，沟通口号则是能激起消费者共鸣的话语。

例如蒙牛的子品牌特仑苏，它的用户利益主张就是"营养新高度，成就更好人生"。而其品牌故事则是充分地宣扬了自己的产品来自金牌产地，用的是金牌牧草，养的是金牌乳牛，做的是金牌管理，而且这几大"金牌"言之有物，让消费者充分信服。其沟通口号"专注营养健康每一天每一刻，为更多人带来点滴幸福"也做到了与消费者心与心的沟通，给人一种"以消费者为中心"的感觉。

品牌营销则是要传递品牌的价值观念，要用各种方式告诉消费者你的品牌有趣、有用、有料、有意义。

这方面做得好的如江小白和黄太吉，它们就很少跟热帖，低俗炒作，而是绝大多数时间都在着力表现自己特有的品牌价值观。

塑造品牌有一套系统、科学的方法，我们一定要从品牌的基础入手，充分认识品牌的各个环节，采用正确的方式来运作，结合市场规律和消费者需求，在科学的原则下进行，这样才可能真正完成艰巨、复杂的品牌工程。

用消费者的口碑来传播品牌

在互联网出现之前，传统的营销方式通常是做广告，如请明星代言，主要是做公众认知，做自己品牌的美誉度，发力的是渠道、终端，但很多时候，商家还没能让自己的产品有美誉度，品牌发展就已经撑不下去了，口碑开始恶化。从方式上看，这是一种典型的由外到内的传播路径。

而在互联网时代，尤其是在移动互联网时代，商家的营销工具已经发生了根本性的变化。商家可以在各个社交媒体上面对消费者做精准推广，将营销事件做成话题，做成消费者感兴趣的内容，这跟传统营销时代商家利用的终端陈列、现场话术等工具有着鲜明的对比。

在互联网上，发力的也不再是渠道、终端，而是口碑。做好了口碑，品牌就会在公众中形成广泛的知名度；维护好核心人群，才会由这部分核心人群来带动其他大众，最终形成广泛的覆盖面和影响力，这是互联网独有的营销逻辑。

口碑在移动互联网时代应该是商家最为看重的特质之一。口碑是网民们的口口相传，有着极高的可信度，在市场中还有很强的控制力。现在网民们已经习惯于根据别人对商品的评价来选择产品。

> 这就好比人们在选择去一家陌生的饭店吃饭前，总会征询一下以前在这家饭店吃过饭的朋友，听听他们对这家店的评判：菜好不好吃？服务是否周到？朋友的评判如果是正面的，那他们有很大可能就会选择这家店。一旦朋友的评判中有不好的一面，他们可能就会拒绝去这家饭店。

这里，朋友对饭店的评判就相当于这家饭店的口碑，口碑的好坏决定着这个人是否去就餐，也决定着这家饭店是否会拥有一份收入。现在，每一个人都可能成为信息节点，在这样一个开放的市场中，糟糕的传播会导致产品更快走向死亡，而好的传播会更快地让一个产品形成品牌效应。所以，当消费者话语权前所未有地高涨时，口碑也成了商家塑造品牌的最好路径。

其实，有时我们只要找到一个点，就可以轻松引爆互联网，例如一个满意而归的消费者就可能让一家饭店高朋满座。这种不起眼的点，就是商家所不能忽视的引爆点。

企业的产品如果超越了消费者的某种预期，或是给消费者带来了某种不一样又非常愉快的心理感受，这种引爆点就出现了。而引爆点的背后就是口碑，消费者会帮你传播，让你的产品在受众中的覆盖面迅速扩大。

和传播者共赢也是树立口碑的较好方式。企业希望消费者帮自己传播，但企业也要有一个消费者帮你传播的理由。以微信朋友圈为例，人们希望通过"经营"朋友圈来赢得交际利益，那企业就要明白这些想要获得交际利益的人的动因。有很多在朋友圈发布信息的人，都有一种"炫耀"的潜在动机，例如有人炫耀美食，有人炫耀旅游，有人炫耀交际。针对这种"炫耀"特质，企业就可以提供一些资源或装备，让他们值得炫耀，这样他们才会愿意帮企业传播。有了传播，品牌也才会更有价值。

21

资本思维：搞不定资本，
拿什么和强者竞争

现在，是角逐资本的时代。任何企业的生产经营活动，都需要有资本的支持。有了资本，就相当于在与人竞争中加了一个杠杆，可以将自己的力量放大，从而撬起更多的资源。从时代的发展来看，未来很多行业也是资本主宰。搞不定资本，我们就会处处受限，更何谈去和强者竞争了。

　　因此，我们必须要深刻理解和运用资本思维。资本并不仅仅指钱，也包括对资源的支配。资本思维的精髓就是对资源进行分配和重组，从而不致让企业出现资源缺口，让经营顺利进行。

找到办法才能吸引投资

企业，尤其是创业型企业，对资本的渴望是显而易见的，吸引融资就成了很多企业梦寐以求的一种获取资本的方式。

资本的注入能让一个企业快速成长。一组很简单的对比数据就能说明这一点，我国的华为从创业到成为千亿级别的企业，没有融资，用了 27 年时间，而 Facebook 选择外部融资，仅用了 8 年就成了千亿级企业。

要想吸引到投资，做好路演是非常重要的。所谓路演，就是针对投资者开展的推介活动，从而吸引资金进入。

在路演现场，也许我们能为自己争取到的路演时间并不多，而要在短时间内介绍完企业的整体情况并不是一件容易的事。这里面，有几个关键问题必须表达清楚，那就是企业能为消费者带来什么，未来的市场空间和团队结构，以上几点也是投资人最为关心的问题。

> 建站工具 Strikingly 的创始人陈海沙曾经在路演中用两分半钟介绍了企业的 4 个核心信息，首先说明 Strikingly 是最好的建站工具，能为用户带来无可比拟的价值，然后以事实说明企业没有做任何营销，自然增长率就达到了 4 成，而且已经实现了赢利，继而对企业团队成员的优势做了介绍，最后向投资人展示了企业的邮箱和联系方式。

在路演当中，多用事实和数据说话，能让语言显得更精彩，同时也能增加说服力。你要告诉投资人，企业做出了什么成绩。在介绍团队成员时，也要着重介绍团队成员的经历和成绩，尤其是成绩，如在什么企业带领团队做出了什么业绩等，这些都是投资人比较看重的。

时间有限，我们最好直接进入正题，将亮点介绍出来。除了介绍亮点，也可以适当展示自己的独特风格，例如恰到好处地幽默一番或是开几句玩笑，或是把自己有绝对实力的地方放到前面来讲。

在路演中，最好有一份富有活力的 PPT 来辅助介绍，给投资人以更多的视觉刺激，并加深投资人对企业的印象。PPT 的风格最好适合企业所在的领域，例如做文创的可以做得活泼一些，做科技的可以做得严谨理性一些。

如果在路演结束以后，投资人会找创业者沟通，那就说明这次路演是成功的。在与投资人面谈时，同样要注意简洁高效这个原则，要清楚地表达你的商业逻辑。此外，在沟通时一定要诚实回答投资者的问题，千万不要不懂装懂。

以另一种思维去招商

在企业的发展过程中，商业合作伙伴是非常重要的一环，好的合作伙伴才能保证商业链条的良性运转。

在传统的商业理念中，招商无外乎就是开招商会，招募代理商。但这种情况到现在已经发生了本质的变化。现在的招商，是面向全社会招募商业合作伙伴。这时，领导者要思考的是该怎么招、怎么吸引商业合作伙伴、招募到合作伙伴以后又该如何进行管理、如何建立自己的渠道和团队等一系列问题。

招商，建渠道，是每一个企业都要做的事情，因为商业模式要落地，最重要的就是用户和渠道了。如果你有庞大的用户体量，有全面的渠道，那么你的商业模式就等于打通了任督二脉，赢利就绝不再是难事。

小王经常去某家餐馆吃饭，和老板比较熟了。一次，老板对小王说："你经常来我家吃饭，应该是觉得我家的饭味道还不错。要不这样吧，我们合作。现在你和我是合作开店，以后你每次来吃饭，我都给你打8折，如果平时有人问你附近哪家餐馆的饭好吃，你要推荐我们的餐馆。还有你介绍朋友过来吃饭，咱们餐馆都会给他们打折，还要给你一些提成。"

小王觉得老板的建议很好，就欣然答应了。在此之后，小王经常介绍朋友来这里吃饭，而老板也会把提成如数交给小王。过了一阵子，小王有事去外地出差了，回来之后去餐馆吃饭，老板又给了他一些提成。小王很诧异，想不到自己不在也有提成可以拿。

老板说现在的生意很好，这都要归功于小王的宣传，所以给提成是应该的。一般的老板可能会想到让消费者帮忙宣传，但像这样和消费者合作，给消费者提成的做法却不多见。正是这种新奇的思维，让老板拓展出新的渠道，营销成功。

因此，企业一定要关注渠道的建设，招募好商业合作伙伴，其中做好渠道是关键。总的来说，企业招募商业合作伙伴时，可以借鉴以下两种思维。

第一种是批量思维。企业不要只想着将盈利全部揣入自己的腰包，要懂得将钱分出去，要明白少赚就是多赚的道理。就像熊本士，他们的保温杯不会免费驻扎在童装专卖店中，但是双方一合作，利益均沾，就会产生规模效应，虽然每只杯子的利润少了，但巨额的销量带来的却是更多的利润。

第二种是分享思维。这是一个讲究分享的时代，你要懂得与人合作，互补资源，彼此成为对方的商业合作伙伴，才能建立更好的渠道。

企业领导者要知道的是，招商不是一个人的行为。而是一个群体的行为。我们需要很好地利用现在的社交媒体开拓线上渠道，同时也要在线下寻找适合自己产品的渠道。线上线下两相结合，才能拓展自己的商业合作伙伴，建立起庞大的渠道系统。

互联网篇

第二十二章

互联网思维：互联网思维革新一切

今天，互联网已经深入到我们生活中的方方面面，其在商业中的应用已经越来越广。企业的每一个环节都早已被互联网覆盖。互联网也正在蚕食传统行业的市场份额。看看那些传统行业有多少来到了线上我们就可以知道，这是一种不可逆的趋势。

　　互联网正在变得越发重要，相应地，互联网思维也变得越来越重要。没有互联网思维，你就完全不能理解互联网对商业的改变，也无法跟随时代的变化，创造性地应用新型的商业模式、营销方式、拓客模式、盈利模式等。

　　互联网思维，是对传统企业价值链的颠覆，具体体现在战略、业务、组织以及供研产销的各个环节中，并且会将传统商业价值链改造成互联网时代的"价值环"。

　　因此，在互联网时代，你必须行动起来，用互联网思维武装自己，你才有可能取得成功。

开放和分享

互联网连接一切的本质，说明它倡导的是一种开放式思维。开放，不仅仅要求企业不再保持神秘感，同时企业的心态也要是开放的。

开放的心态要求在新的商业时代企业将自己的核心竞争力打造成一个开放的平台，以此来优化消费者的体验，增强自己商业模式的竞争力。

> 奇虎360基于对旅游行业的深度挖掘，把自己的搜索引擎打造成了一个开放平台，为合作的企业提供PC和移动端的入口，提供导流服务。携程、艺龙与奇虎360合作以后，它们在在线旅游（OTA）领域多年积累的优势，也能在平台上展现出来。这样，大家优势互补，平台就变得更加具有生命力。而且，这还是一个完全开放的生态圈，任何旅游行业的小微企业都可以在平台上进行集成创新，从而让大家都受益，也让大家都有可能赢利。

185

开放还表示一种可参与性，就是企业以消费者需求为导向，吸引消费者参与到产品的设计和完善中来。这一点，在传统的商业时代简直是不敢想象的，然而，这却成了现在最主流、最高效的生产方式。

另外，互联网时代的来临，除了给人们带来巨大的价值外，也给人们带来了一个全新的经济业态——分享经济。分享经济是一种点对点经济，是建立在人与物质的分享基础上的经济生态。"我为人人，人人为我"是分享经济的精髓。

现在我们大家都看到了，分享经济已经充斥在我们的日常生活中。我们熟知的滴滴打车、饿了么和美团外卖，都是分享经济的典型平台。

分享经济源于互联网，而它带来的冲击将很有可能超越互联网。它给我们提供了一种新的思维模式，在传统商业中，闲置资源经常得不到利用，而分享经济却让一切闲置资源的利用成了可能，它用冗余资源的再利用，替代了部分传统的生产力。而这些资源因为本身是冗余的，所以成本低廉，而且不需要再生产。这都是传统经济无法相比的。以前，我们讲"顾客就是上帝"，而在分享经济中，"顾客也是服务者"，顾客是可以提供服务的，仅仅是这种思维形式的变化，就可以改变很多行业，掀起一场新的产业革命了。

社群和数据

社群，就是基于一个点，把一些需求或爱好相同的人聚合在一起的组织。随着互联网的发展，网络社群开始大行其道，像我们熟知的微信、豆瓣、知乎都可以看成社群媒体。而社群营销就是利用某个社群媒体，聚集有共同兴趣和爱好的人，通过产品或服务满足群体需求而产生的商业形态。

社群有两大特点。一是方向性。既为"群"，肯定不是一个个体，而是一个具有共同价值观的群体，这个共同的价值观就会成为这个群体的方向。二是社会性，社会是由许多个体汇集而成的有组织、有规则、有纪律的相互合作的群体。社会并不等同于群体。人类社会与人群的区别在于，社会各成员之间联系紧密且具有复杂的组织结构，社会有较为健全的职能分工，具有对环境的适应性。而"人群"只是一个静态集合。

通俗地讲，因为某个原因一群人相互联系，彼此需要，大家聚合在一起，有一致的行为规范和密切的互动关系，也就形成了一个社群。比如拼单买东西，大多数情况是消费者买得越多越便宜，而甲只需要一点某商品，乙也买得不多，但甲、乙一起购买不就能得到优惠吗？这样一来，在受益的过程中，我们因为产生了组织上的联结，在消费者关系之上产生了共同利益，就形成了社群经济，整个系统的运作也会更加有效率。

在大数据时代，人们已经可以通过移动终端来消费。数据所代表的消费者信息成为企业的核心竞争力之一。人们眼中的数据，已经不再是传统的字节，而是代表着真实存在的消费者。数据，有其动机、角色、行动和需求。

举个例子，在移动互联网时代，一个手机号码对应的就不光是一串冰冷的数字，还是一个有感情的消费者。这个号码在微信或其他平台上的一个投诉行为，商家就必须重视，否则稍不注意，这个号码就可能给企业带来负面评价。这在 O2O 商业模式中表现得尤为明显。

另外，这个时代每个人的行为都可以用数据的方式呈现出来，甚至被可视化。因此企业如果能对这些数据进行整合，做出消费者需求预测，那反过来必然会为自己的商业决策和基准营销提供依据。

　　其实，现在大多数企业都能找到数据驱动的影子。

　　例如百度，就是靠用户搜索表征的需求数据和爬虫（一种自动获取网页内容的程序）以及从其他渠道获取的公共 Web 数据而称霸一方的。

　　可以说，在现在这个时代，数据已经成了企业生存的根本。如果一家企业不懂得运用数据，不懂得其中的运作原理，就必然会使企业发展滞后，处处受制于人，失去立足之地。

专注、极致和敏捷

商业中的互联网思维应具备三个特征：专注、极致和敏捷。

1. 专注

企业界历来有一个争论，即：企业是该专注于细分行业，还是该专注于多元化发展？前些年这个争论尤为激烈。然而，随着时间的推移，已有越来越多的企业认识到，多元化、规模效应现在已经很难适应一个企业生存的需要了，只有专注于某一细分行业，然后持续地把这个行业做大，才是企业最正确的战略选择。

专注于一个行业，并将其做到极致，这是互联网思维的精髓。有的企业做了很多事情，哪儿热闹往哪儿钻，就是无法聚焦，也就谈不上做好。

2. 极致

极致是说我们做产品要有工匠精神，要么不做，要做就做到最好。这是因为在互联网上，从这个企业到那个企业，消费者只需要移动鼠标就可以了。这样，做得好的企业就可能会获得很大优势。所以，做到极致的企业，做什么都不愁销路。互联网上企业间的竞争非常残酷，这时，就只有做得最好的企业才能获取海量用户。

3. 敏捷

"天下武功，以快为尊，唯快不破。"在互联网时代创业，速度一定要跟上。互联网企业的动作，必须要快，要敏捷。

首先，对用户反应敏捷。就像小米，从用户提一个意见被小米采纳，到改进后发布新产品，只需要一个星期，这在传统手机企业里是没有办法想象的。其次，销售要敏捷。现在在网络上，几分钟产生成百上千万的销售额屡见不鲜，因此我们在网上做销售必须要快，慢了，你就可能卖不动。"敏捷"是互联网时代的必然选择，就像雷军所说："有时候，快就是一种力量，你快了以后能掩盖很多问题，企业在快速发展的时候往往风险是最小的，当你速度一慢下来，所有的问题都暴露出来了。"所以，怎么在确保安全的情况下提速是所有互联网企业最关键的问题。

当今企业，特别是互联网企业，必须遵循以上三个原则。只有将以上三点做到极致，企业才能在激烈的市场竞争中占得优势和先机，才能在众同行企业中脱颖而出。

第二十三章

平台思维 : 平台的能量超乎你的想象

现在的巨无霸企业，例如腾讯、阿里、百度，如果我们研究它们的商业模式，可以发现有一个共同的特点，那就是它们都是平台型的企业。这种平台型的商业模式源于平台思维。

　　所谓平台思维，就是指企业在构建商业模型的时候要用平台化的方式来操作。企业只做自己核心的部分，而将非核心的部分外包。当然外包不是完全外放，而是有利益捆绑的。这样，少了非核心业务的干扰，企业就可以专注于自己的核心业务，同时企业还可以快速扩大规模，减少投资，融入更多资源。这就是平台化思维。

　　凭借这种思维模式，过去的一二十年中，腾讯、阿里、百度以令人咋舌的速度横扫互联网及传统产业，形成了极具统治力和强大赢利能力的商业模式。可以说，平台思维正在带来全球企业的一场战略革命。

平台可以无边界多元整合资源

在现在的商业社会，如果我们还抱着只做产品的思维来经营企业，前景是非常狭窄的，最好的方式是从产品做到服务，再从服务做到平台。正如互联网中的那句话讲的那样："小企业做产品，大企业做平台。"最成功的商业模式最终一定是做出一个平台，然后通过这个平台来开发新资源，例如阿里巴巴和京东。

在网络效应下，做好了平台的企业往往会出现规模效应。简单来说，就是一款商品当有越来越多的人使用时，它的扩张就会变得越来越容易。

例如，如果每个人面前都有一瓶水，一个人不会因为另一个人喝了他面前的那瓶水就要喝自己面前那瓶水，因为这里水这个产品对于每个人来说都是独立的。但现在的一些产品，却是需要很多人共同使用才会发挥效力的。例如微信，如果只有一个用户，没人和他互动，他肯定觉得非常没趣。而当使用微信的人多了，互动的乐趣增加了，微信带给用户的效用就会越来越大，就会更易吸引其他用户参与进来。所以，用户是愿意选择大平台的。这就是微信在手机社交领域一家独大的原因了。不只是微信，谷歌、安卓能赢家通吃，靠的也是这种效应。

从这里我们也可以看出，平台型企业如果能在一开始就迅速锁定一批用户，就能在行业中占据一定的竞争优势。通常，平台型企业都会有一个临界点，刚开始的时候，用户数量少，平台没有威力，而一旦用户数量形成一定规模，就会出现惊人的扩张速度。

而在庞大用户基数和精确用户数据的基础上，平台型企业又可以进一步渗透到其他产业中，建立新的商业模式，从而让自己具有超级成本优势。

平台战略中还有一个概念，叫双边市场。所谓双边市场，即一个产业链中，上下游的市场都去开拓。拿淘宝为例，它利用平台战略，将自己从产业

193

链条中解放了出来，让上游（卖家）跟下游（买家）直接对接，而淘宝要做的就是掌控自己的企业生态圈，它变成了一个"收门票"的人。

平台是可以无边界多元整合资源的，你打造的平台参与的人越多，激励的多方群体的互动程度越高，你的平台就越有价值。

构建多方共赢的平台生态圈

在这里，我们先了解一下商业生态系统的概念。

1993 年，美国经济学家詹姆斯·穆尔首先提出了商业生态系统的概念："商业生态系统是以组织和个人的相互作用为基础的经济联合体。"在这个生态系统中，企业自身只是一个成员，该生态系统内还有生产者、供应商、竞争者和其他利益相关者等。在这个生态系统内，企业需要考虑自身所处的位置，才能创造出"共同进化"的商业竞争模式。

但当进入互联网时代后，商业生态系统又有了新的含义。2011 年 2 月 11 日，诺基亚宣布与微软进行战略合作，对于合作的理由，诺基亚新任 CEO 史蒂芬·艾洛普在一篇关于"燃烧的平台"的内部邮件中称："我们的竞争对手并不是靠终端抢走了我们的市场份额，他们靠的是一整套移动生态系统。"

从这里便能看出"移动生态系统"的重要性。设想一下，当你能够集合更多的功能，变成一个客户端，那可能就不再只有你的产品，而将出现与用户自身偏好密切相关的事物。

平台战略拥有独树一帜的精密规范和机制，能有效激励多方群体之间互动，达成平台型企业的愿景。通俗点说，就是企业可以通过平台战略掌控属于自己的企业生态圈，把自己变成一个"收门票"的人。

平台生态圈的构建方法有水平拓展和垂直拓展两种。

水平拓展，就是相似业务的收购与并购，接着是类似可替代业务的开展。例如，360 已经从电脑管理、流氓软件和病毒查杀扩展到浏览器、网址导航、搜索引擎、云盘等产品，甚至是网页游戏。

垂直拓展，就是指整合产业价值链的上下游，采用后向整合或者是前向整合，这种模式很难，但一旦成功就很难被攻破。比如阿里巴巴公司的主业是电商，处于中游，它的上游有商品生产者，下游有物流等，它向物流业进军，就是在做垂直拓展。

水平拓展是传统商家比较喜欢的方式，因为拓展的业务与自身业务有一定的相似性，容易掌控风险，管理、运营等也能找到切入点。而通过垂直拓展，或者说垂直整合，企业可以将产品设计、原料采购、生产制造、物流配送，甚至最后的批发零售都集中在自己旗下，让自己成为"全产业链"，这将令企业产生显著的优势，尤其是在互联网时代。例如整合前端的供应商，可以更好地进行成本控制。此外，产业链整合也可以摆脱以前低利润的制造环节，拥有更多创造利润的空间，增加产品的附加值。这样，企业就构建起了"平台竞争"的新优势。

第二十四章

用户思维：得用户者得天下

互联网是开放的，在这里，商家和用户可以快速对话等，商家的口碑传播得也比以往任何时代都要迅速。

因此，互联网时代也可以说是用户主导企业的时代。我们的一切活动都必须变得以用户为中心，必须站在用户的角度去思考问题，从用户的角度去审视我们的每一次交易、每一次行动，这就是用户思维。

互联网让小众变长尾

美国《连线》杂志前主编克里斯·安德森提出过一个"长尾理论"。他通过对美国几个大企业如亚马逊等的研究发现，因为成本和效率的因素，以前人们只关注重要的人或重要的事，而如果用正态分布曲线（反映随机变量分布规律的曲线）来描绘这些人或事的话，那么人们通常关心的都是这条曲线的"头部"，而忽略曲线的"尾部"以及需要更多精力和成本才能关注到的人和事。

以上叙述可能过于深奥。我们用一个简单的例子来说明这个问题。例如，在传统商业时代，企业销售产品时，如果用户分为普通用户和 VIP 用户，那企业的着眼点通常都会落在那些 VIP 用户上，而忽略那些对企业更有价值且人数众多的普通用户。

如果说以前关注普通用户是一件需要更多精力和成本的事，到了网络时代，这一缺陷已经被很好地弥补了。在网络时代，企业关注用户的成本大大降低，因此企业已经可以用很低的成本来关注正态分布曲线的"尾部"了，而事实说明，关注"尾部"的效益会远远大于关注"头部"。互联网时代是到了企业关注"尾部"，发挥"尾部效应"的时候了。

用对"长尾理论"，可以让大量的普通用户参与进来，带来巨大的盈利空间。例如淘宝，它其实没有一个 VIP 用户，但它却有大量的普通用户。各式各样的普通用户共同组成了淘宝这么一个庞大的"集贸市场"，为淘宝带来了滚滚财源。

可见，如果企业搭建的平台足够好，足够吸引用户，给用户的体验感足够好，它就会带来巨大的连锁反应。淘宝、微信就是这样发展起来的。

在世界型的企业中，谷歌是一个比较典型的"长尾"型企业。它的成长历程可以看作把广告商的"长尾"商业化的过程。在谷歌之前，美国众多的小企业或者个人，很难为自己打广告，不仅广告商收费高昂，而且广告商也不屑接它们的业务。但是谷歌改变了这一趋势，它用低廉的价格吸引小企业或个人在自己的站点投放广告，这一策略就能吸引庞大的小企业和个人。

如今，谷歌大部分的收入来自那些小网站，而不是搜索结果中放置的广告。这里，数以百万计的中小企业形成了一个巨大的长尾市场，谷歌正是利用了这一点，才成就了今天的繁荣。

由此我们也可以看出长尾理论对企业的重要性。从性质上来说，长尾理论是对二八理论的一种颠覆，以前我们说企业 80% 的利润来源于 20% 的重要用户，因此企业要维护好这些重要用户。但长尾理论却告诉我们，在某些情况下，80% 的利润可能确实就来源于 80% 的小众用户，那些原先被我们忽视的用户，因为数量足够庞大，才更容易让我们产生巨额利润。

兜售参与感

说起参与感，我们可能会不约而同地想到小米。确实，雷军在总结小米的商业模式时，曾直白地说："小米就是向用户提供参与感，赢得用户参与到小米产品的完善和品牌的树立中来。"

我们来看小米的例子。

> 雷军当初的设想就是，如果用户有好的意见，小米能够第一时间得到反馈，并迅速对产品进行改进。于是小米发起了群众模式，它开发了小米社区，吸纳用户进入小米社区，并对产品提出改进意见。研发人员吸纳建议后，就对小米的软件产品，即操作系统，每周进行一次更新。虽然操作系统比较复杂，对可靠性的要求很高，但几年来小米一直坚持如此，并把用户的参与做成了小米的一大卖点。这让小米和用户建立起了"你中有我，我中有你"的亲密契合关系。

现在，让用户参与产品设计或是营销已经成了互联网中的一种主流模式。在互联网出现之前，我们的营销是卖产品，重点是防止产品积压。而互联网激发出来的新型营销，则不仅是防止产品积压，更多的是对接用户个性化的需求，让用户实现自我价值。让用户参与进来，就是让用户感觉到自己被重视，也是体现用户价值的一种渠道。

因此，企业要多设计一些能够激发粉丝积极参与的活动，如互动性话题讨论等。让用户参与到企业的发展过程中，企业与用户一起玩儿，建立融洽的关系，使得用户成为企业真正的朋友，就能激发用户提供更加具有创新性的建议，从而帮助企业生产出更多的新奇产品。

对于用户而言，能够参与一家企业的产品设计，不但获得了参与感，更重要的是这是一种无上的荣耀。对于企业而言，这些参与者不但是企业的忠实粉丝，也是忠实的用户。创造出来的产品，可谓"取之于民，用之于民"，用户对于融入自己创新理念的产品也必然会给予大力支持，进而成为产品的宣传者和推广者，让企业产品能够在其分享和转发下，有效提升曝光量。

　　一汽丰田作为知名车企，仅在微信端的关注量就已经达到百万级，这对于一汽丰田来说可以说是一笔巨大的财富。基于庞大的微信粉丝群体，一汽丰田为广大粉丝打造了一个名为"丰潮世界"的社群，实现了品牌与粉丝、粉丝与粉丝的随时连接。

　　"丰潮世界"以粉丝为核心，充分开发粉丝潜力，将建设权力交给粉丝。粉丝可以在这里畅所欲言，找到自己的定位和生存价值。因此，凡是进入"丰潮世界"的粉丝，都可以实时了解"丰潮世界"分享的潮酷资讯，还可以自发组织粉丝活动，或者参与一汽丰田的活动。

　　为了增强粉丝的参与感，"丰潮世界"专门设定了三个阶段。

　　第一阶段：粉丝在这里可以表达自我，同时也可以以用户的身份与品牌主沟通。

　　第二阶段："丰潮世界"给粉丝提供更多的支持和服务，如知识问答。该板块并不是简单地机械性回答，而是将第一阶段积累的"真爱粉"充分调动起来，回答其他粉丝或用户的问题，让社群互动更加活跃。

　　第三阶段：主要是粉丝在"丰潮世界"中进行体验、分享与沟通，并在虚拟场景里搭建积分系统，以满足粉丝的物理需求。

　　"丰潮世界"真正实现了用户参与、用户自主运营管理，使用户参与感得以满足的同时，为一汽丰田"套牢"了用户。一汽丰田的成功，体现出了用户真正参与到企业活动中的强大作用，不仅为用户更好地理解品牌提供了很大的帮助，而且有效增强了用户黏性和互动性。与此同时，用户为企业提供非常好的"点子"，也为企业更好地发展奠定了基石。

用户体验至上

随着互联网的发展，用户的体验和感觉在产品中的作用和地位已经变得越来越重要。马化腾就曾经说过："用户体验，比一切事情都大。"而用户的变化也证明了这一点。

当下，"80后""90后"已经成为商品社会中消费的主流人群。这部分人群有着极强的个性意识，在对商品的选择上，他们可能更关心商品的实际功能，更关注商品的体验是不是好，而原来被人们关注得最多的价格则退居到了次要的位置。

成功的企业大多是很注重用户的体验和感觉的。

> 例如海尔的模卡电视，海尔在开发这款产品时，先是在国内的互联网用户中启动了征集体验者的活动，和用户一对一地沟通，通过收集用户对电视的看法和期待，来相应地对要推出的产品进行维护和升级。海尔还特意邀请了一批时尚而个性的网友来到现场体验这款智能新品，全方位地获取用户的感受，在得到多数用户的肯定后，才将电视推向市场。结果引来赞誉无数，大家纷纷推荐，称其配置顶级，操作简单，不仅好看，而且好玩。

现在，很多企业推出的免费试用也是一种体验手段。其实体验过程也等于价值定义过程，因为在免费试用过后，用户感知了产品的功能与设计理念，就会判定这款商品的价值。例如大家都在用的微信，虽然它是免费的，但是人们用了以后会判定它的价值很高，因此愿意持续使用并形成了依赖。

还有一种策略是打造逼真的场景，这也是注重用户体验的一种方式。以直播为例，主播向受众推销一件产品，如果只是拿着产品直接向受众介绍产品功能、质感等，那么即便主播介绍得很卖力，受众依旧会对这件产品"无感"，久而久之甚至会对这样的推销方式产生反感。造成这种负面效应的原因在于主播在向受众推销产品的时候，并没有贴合场景需求。对直播场景进行创新，把产品和品牌嵌入具体的直播场景当中，变革产品和品牌营销模式，向对不同场景有兴趣的用户提供更加贴合的服务，这样才能给其带来新奇感和新鲜感。这种与众不同的直播运营场景，可以有效激发用户的观看意愿和情绪，为其带来更加极致的购物体验。

第二十五章

直播思维：传播是营销的核心，这是一个无直播不传播的时代

直播是主播通过一些电子设备在互联网的直播平台上实时传送自己要表达的内容，同时观众可以通过文字与主播交流、沟通的一种互联网新型传播方式。2016 年，直播作为互联网的一种新型传播方式异军突起，各大直播平台也如雨后春笋般急剧发展。

现在，直播营销早已成了互联网的主流营销模式。数据显示，我国在 2017 年，直播营销的市场规模就达到了 369.6 亿元，用户规模达到了 3.92 亿人。2020 年，直播营销的总规模为 9610 亿元，2022 年，预计突破 1 万亿元。

所以，这是一个无直播不传播的时代，如果说传播是营销的核心，那这个时代直播就是传播的核心。而要做好直播，我们就必须有直播思维。没有直播思维，所有的直播都不能真正地被称为直播。

传播必直播

直播的火爆已经是人所共知的事了。为什么直播会如此受到欢迎呢？一方面是对于单纯的图文信息，现在的消费者已经不感兴趣，相比而言，他们更愿意把空余时间花费在观看视频上，尤其是现在的"90后""00后"。另一方面，商家通过直播的形式，可以将商品更加直观地展示给消费者，大大降低了消费者因为买错商品而退货的可能，这就给消费者营造了一种购买"实体"商品的场景。再者，所有的直播都附带有社交功能，主播可以和粉丝进行无障碍沟通，消费者有疑问可以即时提问，主播也可以即时解答，大大提升了消费者的购买体验。

当然了，如果是一些网红或明星参与直播，由于网红或明星自带影响力，有大量粉丝，那营销效果又将上升一个甚至几个层次。有一些商家借助斗鱼等直播平台上的网红主播，让其推荐自己的商品，竟可以成为单日单品的销量冠军。

从这里就可以看出，直播能为商家更好地赋能，这也是现在流行的网红经济的直接体现。在这里，商家可以自己开直播，也可以和网红合作进行直播，网红的力量在直播中是不可估量的。

抖音上有一个卖地毯的大姐，她的短视频一般点赞量只有二三十个，直播带货时直播间的人也不多。但就是这样一位大姐，她的店铺月销售额居然达到了150多万，真是让人感到震惊。

这位大姐不是明星，也不是大网红，就是一个普通人。她的视频虽然很少有人点赞，但她一直坚持不懈地发布短视频，每一条短视频都是关于地毯的，没有其他内容，简单易懂、朴实无华。她没有别的技巧，就是一直发，每天都发，发了7000多条短视频，虽然只有一两条火了起来，点赞破万，但这已经足够让她每月卖出150多万元的货了。

这就是直播，每个主播都可以找到供自己表达的平台，展示自己的个性或制造直播话题，同时找到认同自己的粉丝。一旦拥有了大量的追随者，那营销变现就成了轻而易举的事了。

搞定直播流程

直播并不是随心所欲的事，不能打开摄像头后想到哪里说到哪里。直播也是要经过精心策划的，也需要遵循一定的流程。

1. 进行精准的市场调研

俗话说："不打无准备之仗。"直播平台是一个向大众推销产品或提高个人关注度的平台。在直播平台上做品牌宣传时，首先要深刻了解直播平台上聚集的潜在用户有哪些需求，我们能够为用户带来什么。因此做好精准市场调研，才能让直播打通消费者和品牌方之间的通道，为消费者提供更加有针对性、更加有价值的营销方案。

2. 自身优缺点分析

"知己知彼，百战不殆。"商家在直播平台上开展营销活动之前，还应当对自身的优缺点进行精准分析，比如，要考虑经费是否充足、人脉储备是否足够等。如果自身在这两方面比较有优势，就可以充分发挥自己的优势，邀请一些网红、明星、业内大咖等做直播，以达到很好的引流、带货目的。如果自身没有资金和人脉方面的优势，可以通过邀请网红联合淘宝优质电商的方式，享受一条龙服务。这样，既能让中小微企业的营销变得更加简单，又能有效降低直播营销成本。

3. 市场受众定位

企业应当对市场受众进行定位，明确自己的受众是谁，他们有什么样的产品需求，有哪些痛点需要解决……这些都是企业要事先做好的功课。

4. 精准选择直播平台

当前，直播平台种类繁多，属性划分复杂。因此，在开直播之前，一定要做好直播平台的精准筛选。如果销售的是电子类产品，那么虎牙直播平台是最佳选择；如果售卖的是服装、百货类产品，那么淘宝直播是不二之选。

所以，选对直播平台是企业直播营销成功的关键。

5. 打造优质直播方案

在做完前期准备工作之后，接下来最重要的一步，就是打造优质直播方案。直播方案的制订，要以给观众带来价值、能够解决观众痛点为核心。在制订营销方案的过程中，一定要销售策划和广告策划共同参与，才能使直播方案更加完善、更加出彩，才能给观众带来更好的视觉效果，并让他们产生积极的购买意愿。切忌将直播方案打造得不切实际，过分营销往往会引起受众反感，使营销方案"流产"。

6. 后期进行有效反馈

营销的目的就是变现，而其中最关键的一个词就是"转化率"。转化率的高低不仅仅与营销活动的开展效果有关，还与后期反馈的及时与否有极大的关系，同时通过数据反馈可以帮助企业更好地完善自己的营销方案，使其变现能力大幅提升。

做直播要讲究技巧

正所谓"宝剑锋从磨砺出"，企业要想借助直播平台收获最佳营销效果，就必须掌握一定的技巧。

1. 专业化信息输出

直播平台井喷式增长，使得直播内容呈现出良莠不齐的状态。随着直播领域的进一步发展，更加健康、积极正向、有价值的内容成为主要信息输出对象。优质内容增加了企业的用户黏性。而 UGC 逐渐向 PGC 转变，使得内容输出更加专业化。

不同的产品有不同的推销方法，尤其对于那些专业性很强的产品，在推广的过程中就要讲究专业性知识内容的输出。以母婴产品为例。很多准妈妈和新妈妈缺乏育儿知识和经验，很多时候面对宝宝的哭闹不止、食欲不振等问题，显得手足无措，甚至会因此紧张、慌乱。

母婴产品企业，可以将这些方面作为切入点，在向妈妈们传输专业性强、实操性强的孕育知识、育儿经验的过程中，将自己的母婴产品"润物细无声"地融入其中。这样，在整个直播的过程中，准妈妈和新妈妈们因为对知识感兴趣，进而会对直播中的产品产生兴趣，并给予关注。这样的直播不但给准妈妈、新妈妈们带来了问题的解决方案，还有效植入了产品，为产品做了一次更加深入人心的品牌传播。

如今，众多企业已经开始在直播平台上寻求新的营销模式，以达到抢占资源、增加信息曝光量、争夺用户关注度的目的。创新以及专业化的内容，才是企业借助直播平台开展营销活动必不可少的条件。产品总是不缺卖点的，要将这些卖点借助更加专业的知识传递给消费者，这是企业直播营销过程中需要重点掌握的一项技巧。

2. 产品贴合场景需求

场景能够给人非常强的代入感，在推销一件产品时，如果能够将产品和场景结合起来，就能够产生很强的吸引力，让消费者产生使用产品的想法，进而促使他们快速下单。一些传统的广告可能只是单纯介绍产品，并没有将产品和场景结合起来，虽然广告做得很卖力，但广告效果却并不一定好，消费者甚至有可能会对这样的广告产生厌烦的情绪。

将产品和场景贴合，并不需要催促消费者下单，消费者会因为在这样的场景中需要产品而主动产生购买的想法。这就变成了因为需要而购买，不是因为推销而购买，由被动购买变成了主动购买。比如，下雨天汽车的轮胎打滑，在这样的场景当中，消费者自然而然就想到了防滑性能好的轮胎。米其林轮胎的一个广告就是这样打的，将广告放在一个下雨天开车的场景当中，让消费者想到购买它的防滑轮胎。我们推销一件产品时，应该告诉消费者，他们在什么样的场景当中可能会需要这件产品，消费者联想到这个场景，继而想到自己可能需要这件产品，于是很快就下单购买了。

3. 直播模式个性化

这个时代，企业唯有创新才能更好地发展。千篇一律的直播模式和直播内容会让观众觉得索然无味。直播营销要想达到"人过留名，雁过留声"的效果，就需要另辟蹊径。直播模式个性化将会为企业的直播营销带来意想不到的效果。

当然，个性化虽然能起到很好的吸睛效果，但一定要把握好下限，不能为了达到引流的目的，而采取不合规的手段，这样反而得不偿失。

第二十六章

趋势思维：再牛的团队也干不过趋势

未来会怎样？这是一个所有人都说不清、道不明的命题，就像我们永远都不知道明天会具体发生什么一样。但未来又是我们必须要面对的，如果得不到任何关于未来的线索，我们将统统变成被动者，极端情况下，就像在灾难来临前没有任何准备一样，巨大的损失将会毫不留情地降临在我们面前。

　　实际上，未来虽然说不清、道不明，但很多未来会发生的事要么为现在的事所牵引，要么受到某些规律的制约。就好像现在对人工智能的研究方兴未艾，未来人工智能必定会在各行各业中大行其道；再比如秋天过了就是冬天，这是我们捕捉未来的线索。这就要求我们必须有趋势思维，看到了趋势，才算看到了未来。

科技与商业的关系

乍一听"科技"这个词，可能有的商界人士会觉得高深莫测，离我们非常遥远。而实际上，仔细梳理历史我们就会发现，我们生活状态的改变都是缘于科技。

现在，社会正在以历史上最快的速度发展，而且在持续加速，背后的原因便是科技发展的加速。从某种意义上说，科技具有"一种发明不断诱发其他发明，令变化的速度就好像滚雪球一样不断加速"的性质。

我们可以很明确地看到，互联网从出现到现在也不过才很短的时间，可它已经完全重塑了我们的生活和商业模式。在互联网发展的过程中，电商、社群、直播，仅仅被拓展出来的营销方式在这30年间就已经衍生出了多个领域，商业世界的变化比以往任何时候都快。

在发展速度急剧加快的现代社会，商业人士将关注的焦点聚集到科技上是理解商业趋势最便捷的方式。

就其本质而言，商业社会是一种处于动态发展中的扩张网络，而以"颠覆性"为特征的科技革命成为推动商业兴盛的根本动力。随着科技发展多层面的爆发，现有的商业模式也正在由传统的线性结构向矩阵式网络结构转变。在传统的线性结构中，科技主要起着驱动企业进行产品升级的作用，而在现今由科技主导的商业矩阵式网络结构中，商业模式不再是"一元"式的线性模式，科技创新开始引发更趋个性化的产品定制、更具弹性的供应链网络、更趋开放的产业生态系统、更为扁平的组织化管理结构等多个维度的变化。

我们正处在第四次工业革命的关键节点，和人类历史上的前三次工业革命都不同的是，第四次工业革命不是某一个方面的演进，而是一种全方位的系统变革，包括高速通信技术的发展、新能源以及材料科学的进步、人工智能的突破等，而这些技术的突破也不是单一的，它们构成一个整体，每个部分都有关联，且互相影响。

在技术驱动视角下，第四次工业革命中的5G、物联网、区块链、人工智能等正在重构商业中的生产、分配、交换、消费等各个节点，越来越能满足人们从宏观到微观的各种需求，从而导致商业社会网络结构的重大变革，实现社会生产力的极大提升。特别是颠覆性技术，会加快催生新业态、新模式的发展。

科技的力量正在变得越来越强大，现在以及未来，商业受科技驱动的感觉将会一如既往地明显。我们不得不面临过一段时间就要重塑商业思维、重新梳理企业商业模式、重新树立营销理念的时代。这个周期可能是两年，也可能是三五年，但不会太长。

可以预测的"线"

对趋势的判断，我们历来习惯于从"点"上来思考。

举个很简单的例子。在 1959 年，一位名叫萨莫菲尔德的邮局局长曾信誓旦旦地预言信件很快就能通过制导导弹来进行投递。彼时，导弹技术的确还是一门新型的技术。在经济快速发展的时候，人们有理由相信信件会出现激增，邮政人员自然也会以为自己所在的行业前途一片光明。事实上，在萨莫菲尔德的预言之后，邮政行业的确兴旺了一段时间。尽管当时与电子邮件、短信和手机网络相关的技术已经存在或者正在开发，但几乎没人相信电子邮件会取代信件。可结果呢？大家都已经看到了，我们已经进入了无纸化邮件的时代，传统信件还有多少人使用呢？

这样的例子还有很多。在对趋势进行研判时，我们太多人选择了站在现在这个"点"上来看未来。这种思考方式导致的结果是，我们对未来的预测基本会出现错误。

然而，我们当中一些人有令人惊叹的先见之明，取得了巨大的成功。例如史蒂夫·乔布斯正是因为在智能手机刚出现时就预见了智能手机具有非常广阔的未来，并决定以自己的力量来实现这一想法，才成就了苹果的辉煌。

这些精英人士和我们普通人的思考有所不同，最大的区别就是他们不是从眼前这个"点"来思考，而是从长远的时间轴中来捕捉科技与商业发展的规律，将这种趋势用"线"连接起来，并做出决定，才得以取得惊人的成就。

有的商业人士自身也是某一领域的专家，他们能够理解不同潮流之间的关联性，因此能捕捉到一些事物的全貌。当别人还手指着天空中正在滑过的流星时，他们已经捕捉到了下一颗流星出现的地方，悠然等着流星的降临。

当谷歌开始做自动驾驶的时候，很多人也不理解"做搜索引擎的企业为什么会做这个"。我们如果只看到搜索引擎这一个"点"的话，是很难将它和汽车联系起来的。但实际上，网络产业有着通过汽车这一终端来发展网络的需求。也就是说，站在谷歌的立场上，"通过汽车获取信息并进行整理"这件事就处在"通过搜索引擎获取计算机上散落的信息并进行整理"这条线的延长线上。

所以我们的眼光要前移，要找出事物的关联性。著名科幻作家阿瑟·克拉克说："任何足够先进的科技，初看都与魔法无异。"如果站在现在这个"点"上来看某些科技项目的话，可能真的会以为那是魔术。从某种程度上来说，科技是人类能力的一种扩张。如果你抓住了这一点，很有可能就会抓住这个趋势。如果你再像乔布斯一样立即行动起来的话，你也可能成为商业世界中的一个神话般的存在。

中国古人说："圣人见微知著，睹始知终。"西汉的一部经典著作《淮南子》中也说："以小明大，见一叶落而知岁之将暮，睹瓶中之冰而知天下之寒。"当我们的思考习惯发生变化时，"预测"就会被"预见"取代，"预见未来"将不再那么不确定。

智赢未来

捕捉未来的趋势能让我们赢得未来，大量的事实已经说明这一点。

我们可以将未来能够发生的事情分为两类。一类是常识性的，就像有的地区旱季和雨季的循环。还有一类是非常识性的，其源于外部环境的根本性变革，没有规律。如果这样的事情足够重大，我们没有及早发现，提前布局，等到变化真的发生的时候，原有的方式只有死路一条。

219

> 手机巨头诺基亚的轰然倒下就是典型的例证。当年，诺基亚在手机行业一度占据主导地位。不管是品牌形象、市场份额，还是利润水平，都在行业中首屈一指，但几年之后诺基亚就风光不再，无论销售收入、利润还是现金流都急速下滑。对诺基亚造成打击的是苹果，因为苹果的iPhone有着全新的更有吸引力的客户体验，创造性地改变了手机市场的游戏规则，用户们不但愿意为iPhone支付高价，甚至还愿意在iPhone供不应求的日子里一等再等。
>
> 诺基亚是被苹果打了一个措手不及吗？其实不然，就在iPhone上市的前两年，诺基亚已经察觉到了苹果的举动，因为苹果的专利注册情况已经初见端倪。但是诺基亚高层错误地认为，苹果不过是一家电脑公司，不太可能跨界来做手机。而且就算苹果要做手机，也不成规模，根本不会对自己构成实质性的威胁。然而最终的情况我们都知道了，事实并不像诺基亚高层想象的那样，苹果手机的出现对诺基亚的冲击简直就是颠覆性的，诺基亚再也无力挽回。

从诺基亚的发展情况中我们就能知道，未来的有些事情在眼下就会出现端倪。甚至可以说，我们现在前进路上的每一步，都蕴含着未来发展趋势的一些信号，关键就在于我们能不能从众多纷繁复杂的信息中捕捉到最具确定性的点。这是对我们的考验。如果我们能以新的思维、新的视角来看待当前的一些变化，我们就可能捕捉到这些趋势，找到未来可以利用的机会。在商业世界中，每当市场格局发生变化时，就有一些商业领袖崛起，就在于市场变化降低了进入某个行业的壁垒，创造了新的可能性，而他们视觉敏锐，行动果断，这才成就了他们未来的地位。

预测未来，将关注的焦点放在科技上非常重要，而且我们也有必要将其和人性结合起来思考。很多时候，很多事件的来临都是有先兆的，只不过有的明，有的暗，我们看不见，是因为它们没在我们的常规视野中，因此这些信息最终与我们擦肩而过，没有在我们心里留下任何印记。这就好比一百多年前，对汽车兴起毫无察觉的马车作坊最终都被淘汰了，对苹果可能造成的冲击没有正确认知的诺基亚也是一样。今天，我们有很多工种消失得无声无息，有人哀叹，有人感到时运不济，可那能怪谁呢？根源还是在于我们完全没把目光放在未来上，并且没有结合自己的情况来进行思考或行动。

有些随机事件虽然单个事件的结果无法预测，但如果把一系列独立的随机事件当成一个整体来看的话，那它们实际上也是可以预测的。单个的随机事件越多，整体就越容易被预测，这被称为大数定律。所谓大数定律，指的是一个独立的随机事件在大量重复以后，它发生的概率就会趋于一个稳定的算术平均值。这就好比我们抛硬币，当我们不断地抛，抛上千次、上万次，那正面朝上和背面朝上的概率都会趋近于 50%。有了这样的工具，当我们再去面对看似杂乱的随机事件时，就可以做出较为稳定的预测了。

因此，我们在实践中，要准确地把握趋势，并运用分析方法做出准确的预测，才能确保我们的管理、我们的企业始终走在正确的路上。